与每一位立志提升

中国软件研发实力的读者共勉

代码的艺术

用工程思维驱动软件开发

章 淼 著

電子工業出版社
Publishing House of Electronics Industry
北京•BEIJING

内 容 简 介

本书是作者围绕软件工程能力所做的系列培训的内容汇编。这些内容来源于作者20多年以来对软件工程的学习体会和项目实践，以及对中国工业界软件工程师的观察和教育实践。

全书共8章，第1章说明了什么是软件工程能力，阐述了软件工程能力中的素质要求。第2～8章分别从代码、文档、项目管理这三个方面讲解了提升软件工程能力素质的实践方法。

本书面向的读者包括软件工程师、管理者、计算机和软件工程方向的学生。

图书在版编目（CIP）数据

代码的艺术：用工程思维驱动软件开发 / 章淼著. —北京：电子工业出版社，2022.3
ISBN 978-7-121-42671-1

Ⅰ. ①代… Ⅱ. ①章… Ⅲ. ①软件开发－研究 Ⅳ. ①TP311.52

中国版本图书馆 CIP 数据核字（2022）第 011351 号

责任编辑：滕亚帆
印　　刷：河北迅捷佳彩印刷有限公司
装　　订：河北迅捷佳彩印刷有限公司
出版发行：电子工业出版社
　　　　　北京市海淀区万寿路 173 信箱　　邮编：100036
开　　本：880×1230　1/32　印张：9.25　字数：249 千字　彩插：1
版　　次：2022 年 3 月第 1 版
印　　次：2022 年 8 月第 3 次印刷
定　　价：100.00 元

凡所购买电子工业出版社图书有缺损问题，请向购买书店调换。若书店售缺，请与本社发行部联系，联系及邮购电话：（010）88254888，88258888。

质量投诉请发邮件至 zlts@phei.com.cn，盗版侵权举报请发邮件至 dbqq@phei.com.cn。

本书咨询联系方式：（010）51260888-819，faq@phei.com.cn。

推荐序一

作为一位在软件工程领域工作多年的专业人士，我做过研发中心总经理，也一直担任软件企业技术培训机构的负责人，还领导过工程效能部门，甚至组建并亲自带领过软件技术文档团队。一直以来，我看到不少软件工程师和软件开发管理者，对软件研发普遍存在一些错误的认识。

他们认为，只要掌握好编程技能就好，把常用的编程语言和软件工具掌握得越熟练就越有竞争力，他们将大量的精力花在钻研编程技能上，这也和很多用人单位的价值取向有密切关系。在面试和考查软件工程师时，很多用人单位多半考查的是和编程能力相关的内容，一般不考查工程素养。这强化了软件工程师的错误认知，他们更加错误地认为只要会编程就能找到工作。他们还认为，在工程意识或工程素养上的不足，是可以迅速补齐的短板，这些根本不是难事儿，随时都可以改变和提升。

业界还普遍存在一种错误认知，即对于开发某领域的软件，领域知识和编程技能比软件开发的工程意识更为重要，软件如何构建、开发任务如何组织等涉及工程意识的因素，没有得到足够重视，很多人甚至认为这些降低了软件开发的效率，或者干脆对此嗤之以鼻的也大有人在。

我亲身经历了很多项目的失败，究其原因就是软件工程师的工程意识和相关能力偏弱，他们忽视了很多比编程能力更为重要的工程化思维和作为软件工程师的行为约束。他们没有意识到，能力、意识和素养是需要长时间养成的，就像一个人的气质不能在几天之内速成一样。

互联网企业的大多数工程师一毕业就进入公司工作，他们很聪明，技术功底很扎实，但缺乏对实际项目的工程化锤炼，就职公司更需要培养他们的工程意识和素养；也有很多工作多年的软件工程师，因为常年赶任务，也常常忽视工程化能力的培养。

章淼老师在研发一线工作，他在百度技术培训中心开设的“代码的艺术”课程，专门讲授如何提升软件工程师的工程思维、工程素养和工程意识。《代码的艺术》这本书中的很多内容来自章老师的培训课程和演讲材料，也有部分内容来自他以“代码的艺术”为题在多家大型互联网企业分享的内容。在代码、文档和项目管理等多个方面，这本书既介绍了方法，又有他亲身经历的实际案例解剖。无论是刚参加工作的从业者，还是有多年经验的软件工程师，都反映良好，“代码的艺术”课程也因此在百度大受工程师欢迎，他本人也连续多年被百度技术培训中心评为“金牌讲师”。

本书通俗易懂，可以帮助读者迅速掌握软件研发中的关键要领，并将其中的方法运用到实际项目实践中，还能够帮助读者掌握正确的软件研发意识，为未来的职业发展打下良好基础。

陈尚义

百度技术委员会理事长

2021 年 11 月 13 日于北京

推 荐 序 二

应章淼博士之邀为他的新书《代码的艺术》写推荐序，我感到不胜荣幸。

这本书由章博士在百度内部为上万名工程师进行代码培训的课件结集而成。章博士还基于该课件给京东等互联网公司的工程师做过培训，并得到了大家的广泛赞誉。因此，这本书实用性极强。三年前，章博士带着基于该课件总结和凝练出的部分内容，来到清华大学的“软件工程”课堂上，给计算机系本科生做了“代码的艺术”技术分享，受到同学们的欢迎，由此看来这本书的内容也比较适合初学者。

章博士既有高校任教经历，又有多年在创业公司、互联网大厂做软件开发的丰富经验，同时还担任过百度代码规范委员会主席。因此一方面，他深知软件工程师面临的挑战和不足，另一方面又了解如何能够让工程师逐步提升软件开发的能力，以及如何具备正确的软件开发意识，并最终形成代码编写的完整体系。这本书就是章博士经千锤百炼总结出的关于代码开发的精华。

因此，我强烈向各位软件工程师推荐这本书！

裴丹
清华大学计算机系长聘副教授，博士生导师
清华大学计算机系本科生必修课“软件工程”任课教师

推荐序三

众所周知，Knuth 大师写了《计算机程序设计艺术》一书，他认为编程是一种艺术活动，理由是我们还无法自动编程，同时编程本身蕴含了优雅、美丽、美学（Elegance、Beauty、Aesthetics）。福楼拜曾说过:“科学和艺术总在山顶重逢。”本书一以贯之，鼓励软件工程师培养代码品位、追求“代码艺术家”（Code Artist）的境界。以“码农”自嘲的程序员，其实是这个时代很 fashion 的人。

不要被“艺术”这个字眼吓到，本书讲的是实战。作者基于多年在产品项目实践和公司内外培训中对各种误区、问题的观察，并在软件工程师需具备的 10 点素质能力中抽出了其中 3 点形成本书。读者若能对其中的建议践行不辍，必可习惯成自然，在软件开发的路上留下坚实的脚印。

我的主要工作聚焦于测试和研发效能，书中关于代码、文档、项目管理三件事的思考和总结，我深以为然。代码质量不是测出来的，而是内建的，从业者理应加大在缺陷预防方面的投入（包括但不限于代码评审、单元测试等）；文档是产品长期可维护的关键，但现实情况是，它总跟不上代码的步伐，有个段子说，程序员最讨厌的四件事是“写注释、写文档、别人不写注释、别人不写文档”；项目管理者们（包括 RD）面对 DDD（Deadline Driven Development，戏称为“上吊绳驱动的开发”）疲于奔命。

互联网系统越来越庞大，当快速迭代证明了业务可行性并实现了业务增长以后，巨大的代码资产库变得极端复杂。还有个段子说：“世界上最遥远的距离不是生与死，而是你亲手制造的 BUG 就在你眼前，你却怎么都找不到它。”面对软件开发的根本性困难（复杂性、非一致性、易变性和不可见性），我们需要 Back to Basics（回到根本），那些基本守则永远不会过时。实际上，很多公司仍在为了落地这些简单的规则而努力。

《代码的艺术》这本书写作风格朴实无华、内容深入浅出，书中有方法有案例，相信软件工程领域不同背景的读者都能从中受益。非常期待作者在工程能力方面的更多作品问世。

李中杰
高德研发效能中心负责人

推荐序四

Frederick P. Brooks 教授在 40 年前提出一个论断：复杂度和可变性是软件研发中的根本困难，概念结构在说明、设计和测试上的复杂度，在短期内没法通过更好的编程语言和更好的工具来消除。虽然软件行业在这 40 年里蓬勃发展，但从业者依然在消除复杂度上缺乏卓有成效的建树，这也导致软件行业在工业化的进程中依然极度依赖程序员的工程能力，然而优秀的程序员和平庸的程序员之间的效率差异巨大。

《代码的艺术》是一本关于如何提升工程能力的书，然而它又不同于《代码整洁之道》《代码大全》等偏重讨论编程技能的书。本书在强调“更高效率为客户持续交付价值”的前提下，讨论如何通过提升工程能力来提升交付价值的能力，包括识别价值、质量第一、持续交付，以及持续提升研发效率等，这是一本值得每个有志于提升自身能力的程序员阅读的书。在新技术层出不穷的当下，通过持续学习提升工程能力，对每个程序员都非常重要——通过提升工程能力来提高效率，并形成良性循环，从而避免陷入繁重混乱工程的“焦油坑”。

何　波
中泰证券股份有限公司金融科技委员会主任

推荐序五

首先非常荣幸可以在第一时间阅读到本书的手稿，更荣幸被章博士邀请为本书写推荐序。

其实在收到书稿时，多少还是被书名所惊讶到。把“撸码”升华到艺术层面的思考，真是一个大胆且有想法的角度。当完整阅读完书稿后，作为一个从业十多年的程序员，回首自己的经历，真有一种“阅读恨晚”的感觉。虽说自己也是科班出身，有过在外企和大厂工作的经历，却很少真正系统化地思考和总结过自己的工作，所以真心希望此书能被更多对编码工作有更高追求的读者所阅读，相信读完此书，大家会对目前的工作产生非常大的认知蜕变。

说起代码，大家都知道它是承接人与计算机的沟通载体，所以应该具备两面性：对人友好，并能让计算机高效执行。但在很多场景下，我们往往容易忽略前者，特别是身处当前快节奏的 IT 时代，大家更多地把编码当作一份工作工具，而非职业。这两者的区别是，视为工具则是目标驱使，视为职业则是成长驱使。而只有真正地把编码视为职业，我们才会在编码前、中、后三个阶段来体系化地思考与探索如何把每一步做到最好最优。

回到本书的内容，读者会发现作者花了很多心思，力求教会大家一些正确的意识，而非简单“复制”一些技巧，所以全篇并没有很多编码技巧这一类的陈述，而是从软件工程的意义、对代码工作的认识、项目文档的价值以及项目管理方法等多个方面整体性地讲解各自的意义与价值，从根本上帮助大家正确了解当前的工作与目标，同时又结合一些实际案例，最终能够提升大家对编码工作的认识。

最后由衷地预祝获得本书的读友，能够开启一段全新的旅程！

谢马林
百度架构师，JProtoBuf GitHub 开源项目作者
写于北京金秋十月

推荐序六

看到这本书的名字，可能很多读者会联想到这本书主要讲解如何写好代码，帮助大家顺利拿到 Offer。对于企业里的软件工程师来说，代码研发不代表全部工作，事实上写代码可能仅仅占 20%的时间。完整的软件研发过程涉及需求分析、产品设计、技术预研、软件开发、调试测试和运行维护等多个环节，同时需要多人紧密协作才能完成。

这让我想到了大学时代那门枯燥的软件工程课程。软件工程一直以来都是本科计算机专业的必修课程之一，但是我相信大部分读者可能和我一样，在上学的时候对于这门课程的印象，可能仅仅是记住了一个所谓的基于“瀑布模型”的软件开发流程概念，至于其他内容我相信早已还给老师了。而且在学校大家也很少能得到专业的软件工程训练。大部分人在参加工作参与了生产级软件的研发后，才逐步体会到软件工程的重要性。

软件研发是一个群体性活动，需要多工种、多团队紧密协同，而软件工程正是让软件研发得以顺利协同而总结出来的科学的软件研发方法论，是保证大型软件保质保量、按期交付的基础学科。

软件工程和其他计算机课程有着很大的不同，我认为软件工程是介于工科和理科之间的综合性学科，它没有编程语言那样非常具体的技术体系，是基于长时间实践总结出来的最佳实践，是技术和团队组织能力的综合体现。软件工程作为一门源于实践的学科，必须在实践中不断体会和锻炼才能逐步取得进步。

和其他介绍软件工程体系的图书不同，本书没有一味地深入到偏学术性的讲解过程中，而是完全源于作者日常工作的实践积累。章淼老师近几年来一直参与提升公司软件工程师工程能力的培训工作，本书的很多内容都来自公司软件工程的相关培训素材，并且融合了数万名工程师的培训反馈和心得体会。很多来自一线工程师的反馈也深深地体现了广大工程师对软件工程知识的匮乏，以及对掌握软件工程方法的渴望，我想这也正是促使章淼老师写作本书的原动力之一。

章淼老师具有 20 多年关于企业级大型软件的研发经验，在公司主导了大量的软件工程课程的制作和讲解，在软件工程领域拥有扎实的理论体系和实践经验。作为和章淼老师共同参与公司工程能力建设的同事，非常荣幸能为这样一本源于实践的书写一点文字。希望本书能够为广大致力于软件研发的工作者提供一点帮助，让更多的软件工程师能够按照科学和高效的方法从事软件研发工作，早日摆脱“996”的窘境，为中国的软件行业正常化发展贡献微薄的力量。

郑　然
百度基础架构部，杰出研发架构师

推荐序七

我和章老师相识已有二十多年，我们也早过了软件行业“35岁危机”的年龄。人到中年，会不时听到朋友们聊起“年龄危机”这个话题。然而，也有一些朋友不仅没有“年龄危机”的感觉，反而路还越走越宽。为什么他们没有普遍存在的焦虑感呢？我尝试从“技艺人”的角度来说说我的理解。

汉娜·阿伦特在《人的境况》中将人类的活动分为劳动（Labour）、工作（Work）和行动（Action）。姑且不论这种分类是否合理，单就软件开发活动而言，劳动和工作的这种区别就很具有讨论的意义。

阿伦特认为，“劳动”的目的是维持生命，其成果是消耗品，因此“劳动”必须是周而复始的；而“工作”的目的是建立世界，其成果是可存续的，因此“工作”是一劳永逸的。从事“工作”的人，阿伦特称之为“技艺人”。

日复一日的编码、改 BUG、开会、反复修改方案……没有明确的开端，也没有明确的结束——这些画面就像卓别林的电影《摩登时代》里描绘的那样，劳动被异化，劳动者成为了实施手段和生产工具。这种不可控的状态，让人失去了自由。这种活动，就是阿伦特所定义的“劳动”。

“技艺人”做事则完全不同：“技艺人”的目标是做成一件完整的作品，他清楚地知道成果是什么样的，知道在使用正确方法的前提下，能在确定的时间得到确定的成果；“技艺人”在工作过程中有着清晰的阶段性目标和明确的反馈，能感受到过程赋予的自信与快乐。换言之，“技艺人”的工作能获得确定性的成功。经过数百万年的进化，人类已经具备了将事情“做成”的本能，因此“技艺人”的工作能带来成功的喜悦，获得心灵的自由。

能将软件“做成”的工程师，就是软件行业的“技艺人”。他们采用系统化和科学化的方法，不断提升研发效率，通过高效、持续的交付高质量软件来向用户提供价值。

“技艺人”不存在软件行业里所谓的“35 岁危机”。

在本书中，章老师将软件工程能力作为“技艺人”的核心能力，在代码、文档和项目管理三个方面进行了细致全面的阐述。本书书名中虽含有“艺术”两个字，但章老师将“艺术”变成了可以习得的能力。软件工程师的“意识”比“知识”更重要，但“意识”总有些说不清、道不明的感觉（这也是人们认为编程是一门艺术的原因之一）。我过去认为“意识”很难培养，“道可道，非常道”是理所当然。但当我读完本书初稿，看到“艺术”竟然能被一步步习得，不禁对章老师在软件工程和教学方面的功力心悦诚服。

读完本书，我作为从业“老手”，很是汗颜。按照本书描述的工程能力，对于我过去的工作，绝大多数都要算是“失败”的项目或产品。像我这种吃过苦、踩过“坑”的人，很容易和章老师产生共鸣，看到本书会如获至宝。对于技术团队管理者来说，我认为本书可以用于团队能力评估、培训，也能用于总结 SOP、最佳实践。对于“老手”“老团队”而言，他们最好将本书放在手边，随时翻阅，以做“吾日三省吾身”之用。

对于踩“坑”不多的“新手”而言，在读本书的过程中，他们也许很难有“老手”那种“悔不当初”的深刻感受，但恰恰由于“新手”还没有养成坏习惯，或者坏习惯还不够根深蒂固，所以用心理解、认真实践，相信很快就能通过学习本书提升软件工程能力。一般而言，我们是按照知、行、信的顺序学习知识和技能的。但在阅读本书时，我建议将顺序稍作调整，先“信”，然后“知”和“行”。正如前面所说，从某种程度上说，开发软件是一门“艺术”，以“意识”为先。当你还没有足够的历练时，不妨敞开心扉，先“信”，之后就能够更积极地去知、去行。

读完本书，我对章老师说："我所在的这家公司团队要是早十年看了这本书，并去实践，至少能多挣一个亿。"虽然像是一句玩笑话，但我认为本书确有这样的价值。

"种一棵树最好的时间是十年前，其次是现在。"阅读本书，也是如此。

戚文敏
北京海华鑫安生物技术有限责任公司产品总监

推 荐 语

在这个技术创新的时代，以物联网、云计算、大数据为代表的技术元素影响着我们的商业活动与生活，所有人开始关注技术力量，并希望通过技术驱动业务乃至改变世界，从国家政策的“互联网+”到各领域数字化转型，这一切离不开技术赋能，开发者（工程师）迎来高光时刻！

如何更好地承接和实现开发目标，这给开发者提出了更高要求。从代码构建、软件工程到项目管控和沟通等，提升开发者的综合应战能力成为组织的必修课，百度技术培训中心金牌课程“代码的艺术”正是这样一门课程，章淼老师历经十余个班的授课，最终归纳总结成《代码的艺术》一书，期待给开发者们带来良策、指引，并实现目标。

——刘付强

msup 创始人兼 CEO

中国整个社会以及互联网行业都转向高质量发展阶段，原来靠各种红利就能有不错结果的日子已经一去不复返。无论对企业、团队，还是个人而言，认真探索并遵循客观规律，苦练基本功和专业所需核心能力（对程序员而言就是本书的主题——工程能力），已越来越重要。本书公开了国内一线大厂的实践总结，是难能可贵的学习资料，出版恰逢其时。

——刘江

北京智源人工智能研究院副院长，CSDN 和《程序员》杂志前总编

多年前在百度和章博士一起共事，我们共同推动了百度代码规范和 Code Master 体系的建立。看到章博士持之以恒，致力于工程能力和意识的培训与倡导，并将我们的工作发扬光大，由衷钦佩。参与创业多年，我愈发感到工程能力是最容易被忽视但又是非常重要的成功因素。高质量的软件，来自卓越的工程师和团队，而不是靠“堆人头”实现的。

这本书名为《代码的艺术》，但它并不仅仅讲编码，更像是一本软件工程师的自我修炼手册。章博士是知名开源软件 BFE 的作者，又是工程能力的布道者，始终坚持在“学习—思考—实践”中提升。这本书是集章博士多年经验之大成，既有来自一线、非常落地的最佳实践，又有实践背后的深入思考。相信

对追求卓越的工程师和希望打造高效研发团队的管理者都有非常好的指导和启发意义，强烈推荐！

——蒋锦鹏

医渡云首席架构师，百度代码规范委员会首任主席

0 和 1 是软件工程师的指尖艺术，每一位工程师都需要将专业方法和体系化思考作为工作上的指导，以此全面提升软件工程能力。《代码的艺术》一书的作者基于大量实践总结出实践方法论，从意识形态层面传递多维度的软件工程能力，让读者更体系化、有针对性地建立自身的能力图谱。

——单致豪

腾讯开源联盟主席

在我们接触的众多软件开发人员中，我们发现软件工程能力是关乎一个人能走多远、能发挥多大作用的最重要的能力之一。而在高校软件开发类人才培养体系中，关于软件工程能力方面的培养是非常欠缺的。本书基于作者在大厂的长期从业经历，以及在与公司技术开发人员的研讨和培训过程中积累的大量实践，因此对于培养开发者的软件工程意识具有极强的指导作用。本书语言平实，实用性强，是软件工程方面非常好的参考图书。

——王浩

开课吧联席总裁

很荣幸听过章淼老师的一次现场演讲，当时就被他对软件工程的深刻理解所震撼。当拿到《代码的艺术》这本书并快速翻阅后，我就知道这本书已经脱离过往很多图书专注于一招一式的层面上。和章淼老师一样，我一直认为语言只是工具，关于代码的组织、审阅和文档编写，甚至当启动一个新项目时的调研工作和项目进度管理，以及横向沟通能力都是一个项目成功的关键。这方方面面，我们总结为工程的方法论，或者叫“代码的艺术”。我之前看过《架构整洁之道》和《实现领域驱动设计》，相信这本书也可以给你带来一样的感受，再次强烈推荐！

——毛剑

bilibili 基础架构部负责人

记得在一次 Gopher China 晚宴上，章博士给我们分享了软件工程师能力知识图谱。那一次让我对软件工程师有了全新认识，软件工程师应该具备编码、文档和项目管理三种层次的能力，而现在大多数软件工程师都将精力放在编码上。章博士这本书全方位、深层次地给大家分享了软件工程师应该具备的能力。强烈推荐有志于提升自我能力的工程师都深读一下。

——谢孟军

Gopher China 社区创始人，积梦智能 CEO

前　　言

本书是笔者围绕软件工程能力所做的系列培训的内容汇编。这些内容来源于笔者 20 多年以来对软件工程的学习体会和项目实践，以及对中国工业界软件工程师的观察和教育实践。

关于软件开发的书已经有很多，软件工程师阅读最多的书或许是对某种编程语言的深入解读，或许是对某种架构方法的阐述。或许由于意识上的偏差，很多软件从业者即使已工作多年，但由于对软件工程理论相关图书阅读较少，因此对软件研发的基本理念和原则还是了解得不多。

编写本书的目的是提升软件工程师的基本意识。对于一名软件工程师来说，具备正确的意识比掌握具体的知识更重要。如果具备正确的意识，即使在工作中不记得具体的知识点，也可以在需要的时候进行查阅，而反过来就不是这样了。

本书对一名软件工程师应具备的基本意识和所需掌握的基本方法进行了全貌性介绍，同时内容又不会过于理论化和艰深。

由于篇幅限制，本书对很多内容只做了入门性介绍，并向希望继续深入学习的读者提供了相关图书参考建议。

真诚希望读者能够从本书开始，更多地去阅读软件工程方面的专业图书，因为软件工程师对软件研发的学习和深入理解是永无止境的。

本书的目标读者包括：

（1）软件工程师和管理者。本书中的多个章节已经是百度内部软件工程师的必修课内容。笔者也曾多次以“代码的艺术”为题在多家知名互联网企业做过分享，不仅仅是刚参加工作的软件工程师给出了较好的反馈，很多资深软件工程师也反馈良好。

（2）计算机和软件方向的在校学生。本书介绍的很多方法是笔者在大学时就开始使用的。很多本科生和研究生其实在学校就已经开始参加较复杂的软件研发项目了，他们可以将本书介绍的方法立刻应用在这些项目实践中。更早地具备正确的软件研发意识，将为一个人后续的职业发展打下良好的基础。

本书的内容来源于培训课程材料或演讲材料，在章节编排和内容组织上仍然保持了培训课程和演讲的原貌。每一章都有明确的主题，可以独立阅读，而全书的内容又形成了一个完整体系。

全书组织如下（见图 P.1）。

第 1 章首先说明了什么是软件工程能力，阐述了软件工程能力中的素质要求。

第 2 ~ 8 章分别从代码、文档和项目管理这三个方面讲解了实践方法。

对于代码，第 2 章“代码的艺术”对其进行了总体说明，第 3 章重点说明了代码评审，第 4 章以 Mini-spider 为例说明了方法如何运用。

对于文档，第 5 章说明了如何写好项目文档，第 6 章说明了做研究的基本方法。

对于项目管理，第 7 章简要说明了如何做好项目管理，第 8 章重点说明了如何做好项目沟通。

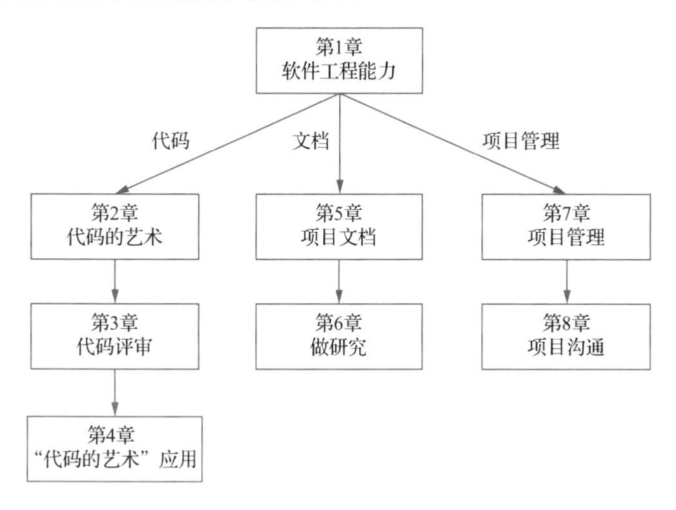

图 P.1　本书组织结构

作者介绍

章淼，博士，百度智能云资深研发工程师，BFE 开源项目发起人。1997 年至 2006 年在清华大学从事互联网协议和网络体系结构的研究。2012 年加入百度，一直从事网络基础架构的研发工作。同时积极推动百度的代码质量和工程能力的提升，曾任百度代码规范委员会主席。

欢迎关注章淼个人公众号“章老师说”。

目　录

第 1 章
软件工程能力

第2章 代码的艺术

代码评审

第 4 章

“代码的艺术”应用

项目文档

做研究

项目管理

项目沟通

延伸阅读图书推荐

第1章

软件工程能力

最近几年，我们越来越多地听到“软件工程能力”这个词。关于“软件工程能力”，本章主要讨论三个问题：

（1）为什么要重视软件工程能力。

（2）什么是软件工程能力。

（3）怎样提升软件工程能力。

本章讨论的主题为“软件工程能力”，为了表述方便，文中将“软件工程能力”简写为“工程能力”。

1.1　为什么要重视工程能力

由于行业内竞争加剧、成本上涨和产业升级等形势的变化，工程能力受到越来越高的重视。

1. 形势变化与挑战

最近几年，软件研发企业尤其是互联网企业正面临以下形势的变化和挑战。

（1）行业竞争的加剧。中国互联网经过 20 多年的发展，早已不是荒蛮之地，竞争的需要逼迫各企业在软件研发的质量和效率上不断提高。

（2）成本的上涨。中国在研发成本尤其是人力成本方面上涨非常快。中国软件工程师的人力成本已超过欧洲，和美国的差距也没有那么大了。在这种情况下，业内对于人均产出提出了更高要求。

（3）产业的升级。中国的互联网企业普遍从 toC 转向 toB，而 toB 对软件研发的质量提出了更高要求。

2. 如何应对挑战

面对以上挑战，一些企业的应对方法是延长工作时间、增加工作强度。部分公司出现了“996”（早 9 点上班，晚 9 点下班，每周工作 6 天）的工作制度。应该说，这些方法给从业者的身体健康和正常生活带来了严重的负面影响，它们也只能是短期行为，不可能被长期执行。

从现实情况来看，其实国内很多软件工程师的工作效率是比较低的，并有巨大的提升空间。根据笔者多年的访谈反馈，很多软件工程师已经工作了 8～10 年，但他们的工作方法其实是错误的。在以前人工成本较低、管理方法比较粗放的情况下，这些问题并没有得到足够重视。现在中国很多传统行业在进行转型升级，因此中国的很多软件工程师也需要升级了！

提升工程能力，是应对以上变化和挑战的重要解决之道。

3. 工程能力是制胜之本

在提升工程能力的路上，我们可能会听到一些不同的声音。有些人说，手头的业务很忙，所以没有时间提升工程能力；有些人说，现在的项目进度已经很紧凑了，按照正规的方法来工作会拖慢进度，所以不能对工程能力有严格要求。

从使用不正规的方法到使用正规的方法，一定会有一些学习上的成本投入。更重要的是，工程能力不是锦上添花、可有可无，而是一种生存能力。很多项目的失败，其实是输在从业者工程能力的不足上了！

工程能力首先会影响“打得准不准”。如果从业者不能做好需求识别和分析，缺乏产品方面的意识，那么研发出的软件就没有市场和用户。

工程能力还会影响“是否能打赢”。工程能力会影响软件研发的效率、质量和成本，一个低效率、低质量和成本高的软件项目是没有市场竞争力的。

1.2　什么是工程能力

在了解了工程能力的重要性后，本节说明什么是工程能力。

1.2.1　工程能力的误区

很多人可能会将“提升工程能力”等同于“写好代码”。

代码确实是软件研发的重要产出，但是工程能力的涉及范围绝不仅仅限于编写代码。

软件研发是一个需要多人共同参与完成的工作，提升工程能力也不限于“一个人”能力的提升。

工程能力反映的是团队的综合素质。要提高工程能力，不仅要看单兵素质，也要看团队能力；不仅要提升写代码的能力，也要提升其他方面的能力（见 1.3 节中的说明）。

工程，不仅仅应用于自然科学，也应用于人文社会科学。只用自然科学的思路和方法来做工程，一定做不好。

在软件研发过程中，很多从业者的大量时间其实并没有用在琢磨技术上，而是用在了其他方面（比如沟通、项目协调、错误设计导致的返工），这些方面的时间消耗往往也没有得到大家的关注。很多项目的失败并不是因为技术，而是因为那些非技术的因素。

1.2.2 工程能力的定义

前面介绍了工程能力的重要性，但是我在这里认真地问一句“工程能力到底是什么？”恐怕没有几个人能回答出来，而如果不解答这个问题，我们是无法在实践中真正提升工程能力的。

在百度内部材料《百度软件工程能力定义》中，将工程能力定义为：使用系统化的方法，在保证质量的前提下，更高效率地为客户/用户持续交付有价值的软件或服务的能力。

这个定义虽然很短，但是包含了不少信息，可以将其拆解为五点，如图 1.1 所示。

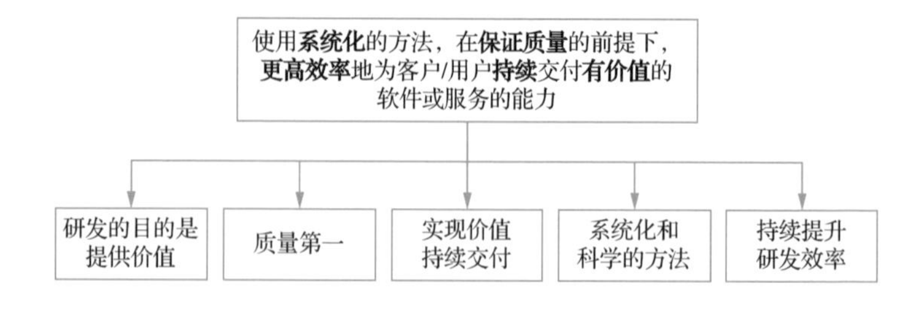

图 1.1　对工程能力定义的拆解

下面对以上五点分别进行说明。

1. 研发的目的是提供价值

在现实工作中，很多软件工程师习惯从技术角度思考问题，忽视所研发的软件对业务的实际价值。还有一些软件工程师喜欢使用复杂和高深的技术，而不管这些技术是否适用于当前的场景。

虽然不能忽视技术在软件研发中的重要作用，但是我们必须要认识到：系统设计、代码编写等技术只是手段，而不是目的。这些技术都必须为项目的目标服务。即使有很好的技术，如果软件最终对用户没有价值，那么这个项目很可能是失败的（除了那些纯粹以技术探索为目的的项目）。

在项目规划阶段，就要重视客户需求或商业价值角度的思考，这样才会使软件的研发活动更有针对性，从而减少不必要的研发投入。

另外，在软件研发中还要具有成本意识，软件工程师要学会计算投入产出比。

2. 质量第一

在现实工作中，经常出现这样的现象：在研发资源或项目时间紧张的情况下，软件工程师往往会降低质量的要求。很多人会考虑一个问题：研发质量和项目时间怎么做好权衡。

在《软件开发的 201 个原则》一书中，将“质量第一”列为全书的第一个原则，可见其重要性。

原则 1 质量第一

QUALITY IS #1

无论如何定义质量，客户都不会容忍低质量的产品。质量必须被量化，并建立可落地实施的机制，以促进和激励质量目标的达成。即使质量没达到要求，也要按时交付产品，这似乎是政治正确的行为，但这是短视的。从中长期来看，这样做是自杀。质量必须被放在首位，没有可商量的余地。Edward Yourdon 建议，当你被要求加快测试、忽视剩余的少量 Bug、在设计或需求达成一致前就开始编码时，要直接说“不”。

——摘自《软件开发的 201 个原则》

如果不能保证软件质量，就会影响用户的体验，从而影响软件的价值。如果软件没有价值，软件研发活动就失去了意义，那么原来所设定的时间目标还有什么意义呢?

降低质量要求，事实上不会降低研发成本，反而会增加整体的研发成本。在研发阶段通过降低质量所“节省”的研发成本，会在软件维护阶段加倍偿还。

要保证软件的质量，首先要针对项目情况，明确定义软件所应达到的质量要求。不同性质的软件，对于质量的要求是不同的，软件工程师不应该固守唯一的质量标准。

虽然质量不能权衡，但是我们也需要考虑项目时间这一因素，要通过提高技术水平来高效率、低成本、系统性地保证质量，这也是软件研发团队技术能力的一种体现。

最后要说明，高质量的软件首先是设计出来的，而不是写出来或测试出来的。因此，要提高软件质量，首先要提升软件的设计能力。

3. 实现价值持续交付

在现实工作中，还会出现这样的现象：在软件研发的前期，开发人员放松对软件的要求，并且对项目投入不足。比如，在设计文档没有充分完成（甚至没有设计文档）的情况下就开始编码；在编码时也不注重代码规范，并缺乏认真的代码评审。而在软件研发的后期，开发人员发现软件维护困难，成本远超预期。另外，有不少从业者只喜欢开发新的系统，而不喜欢维护和升级老系统，一方面是老系统的问题比较多，另一方面是这项工作也很难去展示个人业绩。

对于这些问题，从业者首先需要提升对软件研发规律的认识，明确软件的研发和维护是长周期的。在软件规划时，需要综合考虑软件在整个生命周期内的研发成本投入，在研发的早期少欠技术债。

软件/服务的价值提供是长周期的，从业者要做好长期维护、长期服务、持续改进优化的思想准备。

4. 系统化和科学的方法

根据笔者的长期调查，中国的软件工程师中有很多人缺乏对软件工程方法的系统性学习。很多软件工程师读过的专业软件工程类图书不会超过两本，阅读的内容主要是编程语言、网络和操作系统等，而不是软件工程。

软件工程是一个非常专业的领域。在过去数十年中，前人在这个领域已经总结出大量优秀的理念、方法和实践经验。软件工程不是由几个小窍门或小知识组成的，而是由产品设计、需求分析、系统设计、编码方法、质量保证、项目管理、系统运维和产品运营等方向组成的综合学科，并且在每个方向上都有非常深入的体系。

在软件研发方面，是否使用了科学的方法，效果会相差十倍、百倍、千倍，甚至是从 0 到 1 的差距。

5. 持续提升研发效率

在现实工作中，我们不难发现，很多涉及软件研发的管理者对业务目标非常关注，而对提升软件研发能力的关注度则不足。

软件研发效率可提升的空间很大，永无止境。对软件研发能力的提升不是一个短期行为，而是一个持续的过程。在这方面，需要团队和项目管理者，以及每个软件工程师持续关注和投入。

1.3　怎样提升工程能力

本节简要说明软件工程师在工作中如何提升工程能力。

1. 工程能力的素质要求

在《百度软件工程能力定义》中，将工程能力分解为公司能力素质、团队能力素质和个人能力素质三类，每类都列出了所需的素质要求，如图 1.2 所示。

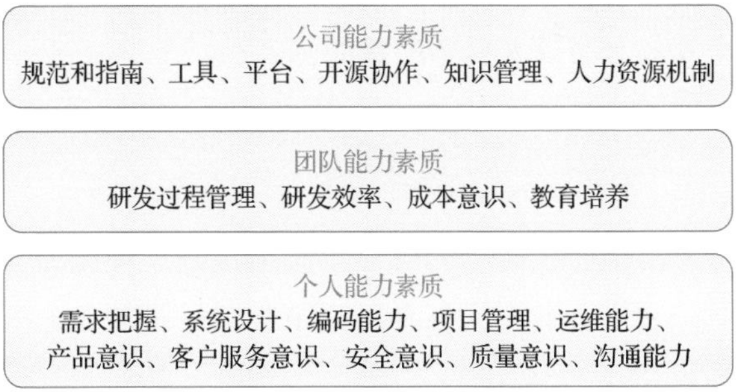

图 1.2　工程能力的素质要求

2. 人是工程能力的根本

在提升工程能力的过程中，很多组织只重视工具和平台的建设，而忽视了对“人”的关注。

“人”是工程能力的根本。“人”对工程能力的重要性远远超过工具。“优秀的人+一般的工具”在研发效率上要远远超过“一般的人+优秀的工具”。

随着软件工具的增强，人与人之间在研发效率上的差距会进一步扩大。而软件工具的增强，使得软件研发团队的小型化成为普遍趋势。考虑到软件研发项目中沟通成本随着人数增长而呈指数型增长的规律，小规模优秀工程师团队的研发效率要远高于大规模普通工程师的团队。

伟大的系统和产品一定来自优秀的人和团队。在“人”没有改变的情况下，团队规模的增加、劳动时间的延长，都无法从根本上改变软件的品质。无论是对于组织还是个人，都应该在培养“人”方面投入更多的资源。

3. 工程能力提升源于自我驱动

有些人希望通过简单的考核手段来提升工程能力，也有人将自身工程能力没有得到提高归结于“没有得到所在团队领导的支持”。

对于提升工程能力，工程师的自我驱动力是最重要的。在工程师没有充分理解和认可工程能力的情况下，考核可能只会引起一些表层指标的变化，但是很难让工程能力发生本质性改变。

我一直秉持一个观点：如果一个人知道什么是高效而正确的方法，那么他（她）一定不会继续使用低效且错误的方法。相比于依赖指标考核，不如通过教育和培训让工程师了解什么才是正确的方法。在这之后，优秀工程师的自驱力会发挥非常大的作用。

对于那些不认可工程能力的人来说，考核也不会起到真正的作用。一名优秀的工程师，一定不是依靠考核来驱动的。考核只能起到识别和鼓励的作用，而无法使一个人从一般变为优秀。

4. 个人能力的素质要求

在图 1.2 中，对个人能力的素质要求列出了 10 条，似乎有些多。为了更易于掌握，我常常强调以下三点：

写好代码（对应编码能力），写好文档（对应需求把握和系统设计），做好项目管理。

而在代码、文档和项目管理三者中，我认为其重要性可排序为：

项目管理 ＞ 文档 ＞ 代码。

对于这个排序，可以做如下解读。

（1）没有好的管理，有再好的技术也没有用。

（2）好的代码，首先来自好的设计。

（3）需求分析先于系统设计。

针对目前现实中的情况，建议读者加强对项目文档的重视，加强对需求分析的重视，以及加强对项目管理的重视。相关内容在后面的章节中将有详细介绍。

第 2 章

代码的艺术

本章内容来源于百度内部训练营“代码的艺术”课程，这门课程最初是面向刚从大学校园进入工作岗位的软件工程师的，后来扩大为面向所有软件工程师。

本章想要说明以下问题。

（1）在学校和在公司写代码，二者有什么不同？

（2）做软件工程师到底有没有前途？

（3）如何修炼成为优秀的软件工程师？

2.1　背景和初衷

通过本章的学习，首先，希望读者能了解到在公司写代码和在学校写代码是不一样的。很多人在学校写过代码，包括做课程作业、帮老师做工程项目等，但这些代码可能只是一个 demo（示例），对可靠性等方面的要求并不高，一般也不需要长期维护。但是在公司写代码，却有很大的不同——一个需要 7×24 小时稳定运行，并且能够服务海量用户的代码，肯定需要使用一些正规方法来完成。

其次，希望消除大家对这份职业和这个行业的一些误解。很多人把软件工程师俗称为“码农”，那么是不是软件工程师只需要写代码就可以了？还有很多人认为，软件工程师是一个吃青春饭的职业，只适合年轻人，年龄超过 35 岁就写不动代码了；还有一些人认为，软件工程师以后的出路是转型做管理工作。另外，目前很多互联网公司的工作都很辛苦，社会上传说的“996”是正常的吗？

再次，希望大家能够对编写软件代码形成正确的意识。“知行合一”是大家经常听到的话，那么“知”和“行”，哪个更重要呢？有时是“知易行难”，但有时是“不知，如何能行”。我见过很多已经工作了 8～10 年的软件工程师，写代码所用的方法却是错误的。按照这种错误方法，即使再写 10 年代码，也不会有很大提高。在尽量早的时候，形成正确的意识，对一名软件工程师的快速成长是非常关键的。

最后，希望能够帮助大家明确成为一名优秀软件工程师所要修炼的方向。我们知道，优秀的艺术作品是由艺术家创造的，开发优秀的软件同样也离不开优秀的软件工程师。很多人会认为艺术家的天赋是天生的，是只能仰望而不可及的。其实，成为艺术家是有方法的，优秀软件工程师的修炼也应是有“道”的。

总之，希望通过本章的学习，大家能对“软件工程师”（Software Engineer）这个职业有一个新的认识。

2.2　代码和艺术

本节首先对本章所涉及的几个概念进行说明。这些概念包括：代码、艺术和软件工程师。

2.2.1　代码也能成为艺术作品

本章标题叫作“代码的艺术”，很多人不禁会问：代码和艺术有什么关系？代码能成为艺术作品吗？

具体将哪些代码称为“艺术作品”或“非艺术作品”，说起来有些困难，我们先通过建筑物找找感觉。我们知道，即使都是“房子”，也可以有很大差异。如图 2.1 所示，类似这样质量较差的房子在很多地方都能看到。这样的房子可以居住，但是可以称之为艺术品吗？

图 2.1　质量较差的房子

图 2.2 中是一个标准的居民楼，在全国各地都非常常见，这样的居民楼可以称为艺术作品吗？

图 2.2　标准的居民楼

图 2.3 展示的是故宫的角楼，这是中国建筑的一个典范之作。这可以被称为艺术作品吗？

图 2.3　故宫的角楼

通过展示这些建筑物图片，大家可以回想自己写过或见过的代码。这些代码或许都可以运行（就像房子都可以居住一样），但有些代码可能像图 2.1 中的房子一样“简陋”，有些代码可能像图 2.2 中的楼房一样规整，而有些代码可能会像图 2.3 中的建筑物一样成为精品。那么你希望自己写出什么样的代码？

关于“艺术”，在百度百科中可以搜索到如下定义，如图 2.4 所示。

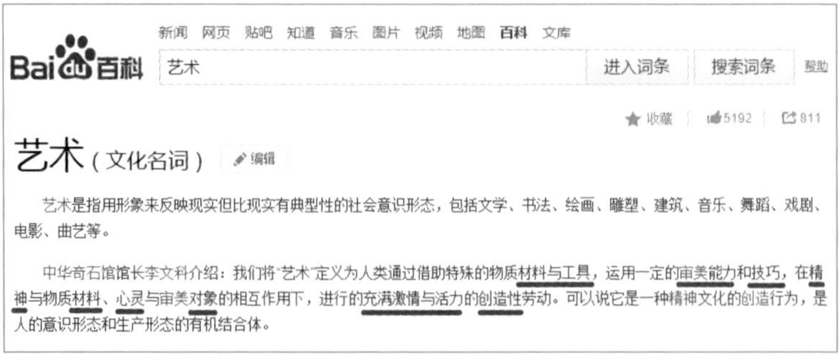

新闻　网页　贴吧　知道　音乐　图片　视频　地图　百科　文库

Baidu百科　艺术　进入词条　搜索词条　帮助

收藏　5192　811

艺术（文化名词）　编辑

艺术是指用形象来反映现实但比现实有典型性的社会意识形态，包括文学、书法、绘画、雕塑、建筑、音乐、舞蹈、戏剧、电影、曲艺等。

中华奇石馆馆长李文科介绍：我们将“艺术”定义为人类通过借助特殊的物质材料与工具，运用一定的审美能力和技巧，在精神与物质材料、心灵与审美对象的相互作用下，进行的充满激情与活力的创造性劳动。可以说它是一种精神文化的创造行为，是人的意识形态和生产形态的有机结合体。

图 2.4　“艺术”的定义

基于以上定义，我们可以对照来看编写代码的行为是否可以称为艺术创作。

编写代码需要借助物质材料吗？编写代码并不能凭空进行，需要借助计算机系统。

编写代码需要使用工具吗？编写代码要使用一系列的工具，包括设计、编写、编译、调试和测试等方面的工具。从某种意义上说，使用工具的能力，反映了一名软件工程师的专业水平。

编写代码需要激情吗？当你对一个项目不感兴趣时，你能把代码编写好吗？所以，编写代码非常需要激情！

编写代码需要具备创造性吗？对于代码来说，“复制”和“粘贴”操作的价值为零，代码的价值更多来自创造性工作。编写代码是一件非常具有创造性的工作！

从以上分析可以看出，代码也可以成为艺术作品！

代码不仅仅是一些字符，更是人类智慧的结晶。代码的价值不在于它的长短和字数，而在于其中凝结了多少智慧。

代码也可以反映出一个人或一支团队的精神面貌。我们常说“文如其人”，如果想了解一名软件工程师或一支研发团队的素质，就去看看他（们）编写的代码。

2.2.2 软件工程师和“码农”

很多读者会认为，软件工程师只要会编写代码就可以了。那么，事实到底是不是这样呢?

最近几年，国内兴起了一个非常热门的创业方向——少儿学编程。很多小朋友从小学就开始学习代码编写，如果只需要会编写代码就可以当软件工程师，那么现在这些二十多岁、三十多岁的从业者就要有失业的危险了，因为这些小朋友可以直接和他们竞争。

很多从业者在本科毕业后就开始从事软件工程方面的工作。一些刚走出校园不久的从业者告诉我，他的规划是先学习3～5 年技术，然后转行做管理工作或去创业；还有一些工作了3～5 年的从业者认为，不知道自己还应该学什么，更不知道如何提升自己。

软件工程师的主要技能要求是什么？以上提到的两个场景中的从业者都认为，软件工程师的主要技能就是会编写代码。

对于这个问题，答案当然是不止会编写代码。软件工程师要具备非常高的综合素质，具体包括以下几个方面。

（1）专业知识。软件工程师需要掌握的专业知识包括数据结构、算法、编码方法等，还包括系统结构、操作系统、计算机网络、分布式系统等，这些都是大学计算机专业所涉及的课程。

（2）产品。软件工程师还需要具有产品方面的思维，要对业务有深刻的理解。为了提供良好的用户体验，软件工程师需要学习交互设计，这是一个非常专业的学科方向；还需要学习产品数据统计，会基于数据来优化产品；更需要学习产品/业务运营，这对很多运营型的产品（如社区）来说，非常重要。

（3）项目管理。做软件项目不是一个人的工作，要做好软件项目需要懂得管理。有很大比例的软件工程师不懂项目管理，忽视项目管理对软件项目成功的巨大作用。

（4）研究和创新。有一些项目具有很强的研究和创新属性，这要求软件工程师要具备“研究”的能力。很多公司将软件工程师称为 RD，RD 的意思是 Research（研究）和 Development（开发）。对于不具备研究能力的软件工程师，他们只能被称为 Developer（开发者）。

很多人对研究的认识是“写论文”，认为这是学术圈才做的事情。其实，研究是“定义问题，分析问题，解决问题”的过程，研究能力对一名优秀的软件工程师来说非常重要。

总之，软件工程师不等于“码农”。软件工程师需要具备综合素质，要成为一名优秀的软件工程师至少需要 8～10 年的历练和成长。

2.2.3 来自艺术的启发

下面我们回到“艺术”，看看在艺术作品的创作方面能找到哪些启发。图 2.5 是达 · 芬奇的名作《蒙娜丽莎》，大家都非常熟悉，我曾经在卢浮宫隔着厚厚的玻璃罩观赏过。

图 2.5 达 · 芬奇的名作《蒙娜丽莎》

如果我们把《蒙娜丽莎》看作一个优秀的软件，仅仅停留在“知道这张画是好画”的层面是远远不够的。作为一名软件工程师，我们希望探求的是优秀软件背后的成因，从而我们也可以开发出优秀的软件。

优秀的艺术作品是由艺术家创作的，于是我们找到《蒙娜丽莎》的作者——达 · 芬奇（图 2.6）。但是，仅仅停留在这里仍然是不够的。很多人会说：“达 · 芬奇是大师，大师是天生的，是远不可及的。”仰望大师，并不能让我们创造出伟大的作品。

图 2.6　达 · 芬奇自画像

于是，我们继续探求，找到下面这幅画（图 2.7）。这幅画叫《维特鲁威人》，是达 · 芬奇绘制的一个关于人体比例分析的手稿。根据一些资料记载，像《蒙娜丽莎》这样的作品并不是达 · 芬奇随手一画就画出来的，其中使用了很多绘画方法，比如《蒙娜丽莎》中的构图、用光、前景和背景，这些都是很有讲究的，都是有一些方法论作为支撑的。通过学习这些方法，我们虽然无法成为大师，但是也可以获得很大提升。

在艺术方面，我了解得不多。只是希望通过艺术中的这些故事，带给大家在代码编写方面的一些启发。通过学习前辈大师的方法，不断修炼和提升自己，从而开发出优秀的软件，而他们在创作过程中所使用的方法，就是我们要学习和采用的。

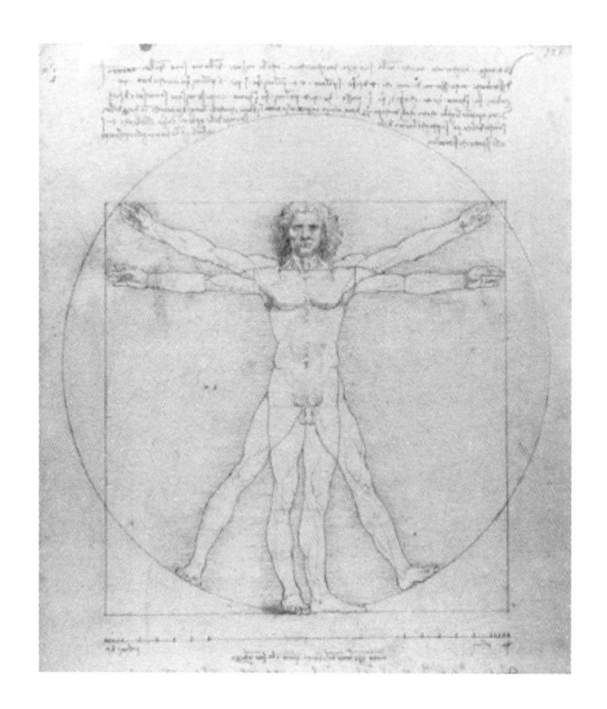

图 2.7 达·芬奇，《维特鲁威人》

2.2.4 写代码并非易事

“写代码容易吗？”

我曾多次在授课现场问过这个问题。有人说，容易。也有人说，不容易。我会接着问：

“写代码为什么不容易？”

现场观众给出了不同的答案：

“因为不好调试。”

“因为想清楚逻辑很困难。”

……

写代码不是容易的事，具体原因如下。

（1）写代码是从“无序”变为“有序”的过程。计算机中所运行的程序是按照严格的逻辑来执行的，而现实世界纷繁复杂，其中的秩序并不是一眼就可以辨识的，需要我们把它整理为有序的结构。

（2）写代码将“现实世界中的问题”转化为“数字世界中的模型”。程序是数字世界对现实世界的一种映照，其中涉及对现实世界的抽象和建模。

（3）写代码是一个“认识”的过程。在写代码的过程中，原来所“未知”的问题，在代码完成后变为“已知”。对于一项新业务，在开始时我们可能并不了解，但通过逐步分析，逐渐有了更深入的理解，在这个认识的基础上才可能开发出对应的软件。

因此，在写代码的过程中，软件工程师需要具备以下几个关键能力。

（1）把握问题的能力。软件工程师每天都面对大量的问题，需要在工作中不断辨识问题，并确认其中的重要问题。

（2）建立模型的能力。对于一个软件来说，具体的实现机制是“底层”，所要实现的“模型”才是“上层”。软件工程师需要不断把现实问题转化为数字世界的模型。

（3）沟通协作的能力。软件开发不是一个人的工作，需要和研发团队的同伴进行沟通协作，也需要和软件的相关方（如客户、用户）进行沟通，还可能需要和其他相关团队进行配合。沟通协作的效率和质量，极大地影响着软件研发的效率和质量。

（4）编码执行的能力。软件工程师最终需要通过编码获得可执行的软件，因此在编码方面必须具备一定的基本功。

2.3 好代码和坏代码

要写出好代码，首先需要提升品位。

很多软件工程师写不好代码，在评审他人的代码时也看不出问题，就是因为缺乏对好代码标准的认识。

现在还有太多的软件工程师认为，代码只要可以正确执行就可以了。这是一种非常低的评价标准，很多重要的方面都被忽视了。

2.3.1 好代码的特性

好代码具有以下特性[1]。

注1. 前 7 条来自曾就职于微软亚洲研究院的林斌于 2000 年在北京大学的授课课程“写好代码的十个秘诀”。

1. 鲁棒（Solid and Robust）

代码不仅要被正确执行，我们还要考虑对各种错误情况的处理，比如各种系统调用和函数调用的异常情况，系统相关组件的异常和错误。

对很多产品级的程序来说，异常和错误处理的逻辑占了很大比例。

2. 高效（Fast）

程序的运行应使用尽量少的资源。资源不仅仅包括 CPU，还可能包括存储、I/O 等。

设计高效的程序，会运用到数据结构和算法方面的知识，同时要考虑到程序运行时的各种约束条件。

3. 简洁（Maintainable and Simple）

代码的逻辑要尽量简明易懂，代码要具有很好的可维护性。对于同样的目标，能够使用简单清楚的方法达成，就不要使用复杂晦涩的方法。

“大道至简”，能否把复杂的问题用简单的方式实现出来，这是一种编程水平的体现。

4. 简短（Small）

在某种意义上，代码的复杂度和维护成本是和代码的规模直接相关的。在实现同样功能的时候，要尽量将代码写得简短一些。

简洁高于简短。这里要注意，某些人为了能把代码写得简短，使用了一些晦涩难懂的描述方式，降低了代码的可读性。这种方式是不可取的。

5. 可测试（Testable）

代码的正确性要通过测试来保证，尤其是在敏捷的场景下，更需要依赖可自动回归执行的测试用例。

在代码的设计中，要考虑如何使代码可测、易测。一个比较好的实践是使用TDD（Test-Driven Development，测试驱动开发）的方法，这样在编写测试用例的时候会很快发现代码在可测试性方面的问题。

6. 共享（Re-Usable）

大量的程序实际上都使用了类似的框架或逻辑。由于目前开源代码的大量普及，很多功能并不需要重复开发，只进行引用和使用即可。

在一个组织内部，应鼓励共享和重用代码，这样可以有效降低代码研发的成本，并提升代码的质量。

实现代码的共享，不仅需要在意识方面提升，还需要具有相关的能力（如编写独立、高质量的代码库）及相关基础设施的支持（如代码搜索、代码引用机制）。

7. 可移植（Portable）

某些程序需要在多种操作系统下运行，在这种情况下，代码的可移植性成为一种必需的能力。

要让代码具有可移植性，需要对所运行的各种操作系统底层有充分的理解和统一抽象。一般会使用一个适配层来屏蔽操作系统底层的差异。

一些编程语言也提供了多操作系统的可移植性，如很多基于 Python 语言、Java 语言、Go 语言编写的程序，都可以跨平台运行。

8. 可观测（Observable）/ 可监控（Monitorable）

面对目前大量存在的在线服务（Online Service）程序，需要具备对程序的运行状态进行细致而持续监控的能力。

这要求在程序设计时就提供相关的机制，包括程序状态的收集、保存和对外输出。

9. 可运维（Operational）

可运维已经成为软件研发活动的重要组成部分，可运维重点关注成本、效率和稳定性三个方面。

程序的可运维性和程序的设计、编写紧密相关，如果在程序设计阶段就没有考虑可运维性，那么程序运行的运维目标则难以达成。

10. 可扩展（Scalable and Extensible）

可扩展包含“容量可扩展”（Scalable）和“功能可扩展”（Extensible）两方面。

在互联网公司的系统设计中，“容量可扩展”是重要的设计目标之一。系统要尽量支持通过增加资源来实现容量的线性提高。

快速响应需求的变化，是互联网公司的另外一个重要挑战。可考虑使用插件式的程序设计方式[1]，以容纳未来可能新增的功能，也可考虑使用类似 Protocol Buffer[2] 这样的工具，支持对协议新增字段。

以上十条标准，如果要记住，可能有些困难。我们可以把它们归纳为四个方面，见表 2.1。

表 2.1　对一流代码特性的汇总分类

方　面	对应的特性
正确和性能	鲁棒、高效
可读和可维护	简洁、简短、可测试
共享和重用	共享、可移植
运维和运营	可观测/可监控、可运维、可扩展

注1. 可以参考 Apache、Nginx 和 BFE 的设计。

注2. ProtocolBuffer 是 Google 提供的一种独立的数据交换格式，可运用于多个领域。

2.3.2 坏代码的例子

关于好代码，上面介绍了一些特性，本节也给出坏代码（Bad Code）的几个例子。关于坏代码，本书没有做系统性总结，只是希望通过以下这些例子的展示让读者对坏代码有直观的感觉。

1. 不好的函数名称（Bad Function Name）

如 do()，这样的函数名称没有多少信息量；又如 myFunc()，这样的函数名称，个人色彩过于强烈，也没有足够的信息量。

2. 不好的变量名称（Bad Variable Name）

如 a、b、c、i、j、k、temp，这样的变量名称在很多教科书中经常出现，很多人在上学期间写代码时也会经常这样用。如果作为局部变量，这样的名称有时是可以接受的；但如果作为作用域稍微大的变量，这样的名称就非常不可取了。

3. 没有注释（No Comments）

有写注释习惯的软件工程师很少，很多软件工程师认为写注释是浪费时间，是“额外”的工作。但是没有注释的代码，阅读的成本会比较高。

4. 函数不是单一目的（The Function has No Single Purpose）

如 LoadFromFileAndCalculate()。这个例子是我编造的，但现实中这样的函数其实不少。很多函数在首次写出来的时候，就很难表述清楚其用途；还有一些函数随着功能的扩展，变得越来越庞杂，也就慢慢地说不清它的目的了。

这方面的问题可能很多人都没有充分地认识到——非单一目的的函数难以维护，也难以复用。

5. 不好的排版（Bad Layout）

不少人认为，程序可以正常执行就行了，所以一些软件工程师不重视对代码的排版，认为这仅仅是一种“形式”。

没有排好版的程序，在阅读效率方面会带来严重问题。这里举一个极端的例子：对于 C 语言来说，“;”可作为语句的分割符，而“缩进”和“换行”对于编译器来说是无用的，所以完全可以把一段 C 语言程序都“压缩”在一行内。这样的程序是可以运行的，但是对人来说，可读性非常差。这样的程序肯定是我们非常不希望看到的。

6. 无法测试（None Testable）

程序的正确性要依赖测试来保证（虽然测试并不能保证程序完全无错）。无法或不好为之编写测试用例的程序，是很难有质量保证的。

2.4　好代码从哪里来

上一节说明了好代码的特性，本节来分析好代码是如何产出的。

2.4.1　好代码不止于编码

好代码从哪里来?

对于这个问题，很多读者肯定会说:“好代码肯定是写出来的呀。”

我曾做过多次调研，发现很多软件工程师日常所读的书确实是和“写代码”紧密相关的。

但是，这里要告诉读者的是，代码不只是“写”出来的。在很多年前，我所读的软件工程方面的教科书就告诉我，编码的时间一般只占一个项目所花时间的 10%。我曾说过一句比较有趣的话:

“如果一个从业者告诉你，他的大部分时间都在写代码，那么他大概率不是一个高级软件工程师。”

那么，软件工程师的时间都花到哪里去了呢? 软件工程师的时间应该花在哪里呢?

好的代码是多个工作环节的综合结果。

（1）在编码前，需要做好需求分析和系统设计。而这两项工作是经常被大量软件工程师忽略或轻视的环节。

（2）在编码时，需要编写代码和编写单元测试。对于“编写代码”，读者都了解；而对于“编写单元测试”，有些软件工程师就不认同了，甚至还有人误以为单元测试是由测试工程师来编写的。

（3）在编码后，要做集成测试、上线，以及持续运营/迭代改进。这几件事情都是要花费不少精力的，比如上线，不仅仅要做程序部署，而且要考虑程序是如何被监控的。有时，为了一段程序的上线，设计和实施监控的方案要花费好几天才能完成。

因此，一个好的系统或产品是以上这些环节持续循环执行的结果。

2.4.2　需求分析和系统设计

1. 几种常见的错误现象

相对于编码工作，需求分析和系统设计是两个经常被忽视的环节。在现实工作中，我们经常会看到以下这些现象。

（1）很多人错误地认为，写代码才是最重要的事情。不少软件工程师如果一天没有写出几行代码，就会认为工作没有进展；很多管理者也会以代码的产出量作为衡量工作结果的主要标准，催促软件工程师尽早开始写代码。

（2）有太多的从业者，在没有搞清楚项目目标之前就已经开始编码了。在很多时候，项目目标都是通过并不准确的口头沟通来确定的。例如：

“需要做什么？”

“就按照×××网站的做一个吧。”

（3）有太多的从业者，在代码编写基本完成后，才发现设计思路是有问题的。他们在很多项目上花费很少（甚至没有花费）时间进行系统设计，对于在设计中所隐藏的问题并没有仔细思考和求证。基于这样的设计投入和设计质量，项目出现设计失误也是很难避免的。而面对一个已经完成了基本编码的项目，如果要“动大手术”来修改它，相信每个有过类似经历的人都一定深知那种感受——越改越乱，越改越着急。

以上这几种情况，很多读者是不是都有过类似经历？

2. 研发前期多投入，收益更大

关于软件研发，首先我们需要建立一个非常重要的观念。

在研发前期（需求分析和系统设计）多投入资源，相对于把资源都投入在研发后期（编码、测试等），其收益更大。

这是为什么呢？

要回答这个问题，需要从软件研发全生命周期的角度来考量软件研发的成本。除编码外，软件测试、上线、调试等都需要很高成本。如果我们把需求搞错了，那么与错误需求有关的设计、编码、测试、上线等成本就都浪费了；如果我们把设计搞错了，那么与错误设计相关的编码、测试、上线的成本也就浪费了。

如果仔细考量那些低效的项目，会发现有非常多的类似于上面提到的“浪费”的地方。软件工程师似乎都很忙，但是在错误方向上所做的所有努力并不会产生任何价值，而大部分的加班实际上是在做错误的事情，或者是为了补救错误而努力。在这种情况下，将更多的资源和注意力向研发前期倾斜会立刻收到良好的效果。

3. 修改代码和修改文档，哪个成本更高

很多软件工程师不愿意做需求分析和系统设计，是因为对“写文档”有着根深蒂固的偏见。这里问大家一个问题，如果大家对这个问题能给出正确的回答，那么在“写文档”的意识方面，一定会有很大的转变。

任何人都不是神仙，无法一次就把所有事情做对。对于一段程序来说，它一定要经过一定周期的修改和迭代。这时有两种选择：

选择一：修改文档。在设计文档时完成迭代调整，待没有

大问题后再开始编码。

选择二：修改代码。只有粗略的设计文档，或者没有设计文档，直接开始编码，所有的迭代调整都在代码上完成。

请大家判断，修改代码和修改文档，哪个成本更高？

在之前的一些分享交流会上，对于这个问题，有人会说，修改文档的成本更高。因为在修改文档后还要修改代码，多了一道手续。而直接修改代码，只需要做一次，这样更直接。

这个回答说明了回答者没有充分理解“先写文档，后写代码”的设计方法。如果没有充分重视设计文档的工作，在输出的设计文档质量不高的情况下就开始编码，确实会出现以上提到的问题。但是，如果在设计文档阶段就已经做了充分考虑，会减少对代码的迭代和反复。

对于同样的设计修改，“修改代码”的成本远高于“修改文档”。这是因为，在设计文档中只会涉及主要的逻辑，那些细小的、显而易见的逻辑不会在设计文档中出现。在修改设计文档时，也只会影响到这些主要逻辑。而如果在代码中做修改，不仅会涉及这些主要逻辑，而且会涉及那些在文档中不会出现的细小逻辑。对于一段程序来说，任何一个逻辑出现问题，程序都是无法正常运行的。

4. 需求分析和系统设计之间的差别

很多读者无法清楚地区分“需求分析”和“系统设计”之间的差别，于是会发现，在写出的文档中，有些需求分析文档里出现了系统设计的内容，而有些系统设计文档里又混杂了需求分析的内容。

我们用几句话可以非常明确地给出二者的差异。

（1）需求分析：定义系统/软件的黑盒的行为，它是从外部（External）看到的，在说明“是什么”（What）。

（2）系统设计：设计系统/软件的白盒的机制，它是从内部（Internal）看到的，要说明“怎么做”（How）和“为什么”（Why）。

比如，对一辆汽车来说，首先使用者从外部可以看到车厢、车轮，坐在车里可以看到方向盘、刹车踏板、油门踏板等；操作方向盘可以改变汽车的行驶方向，脚踩刹车踏板、油门踏板可用于减速和加速。以上这些是对汽车的“需求分析”。

然后，我们想象汽车外壳和内部变成了透明的，可以看到汽车内部的发动机、变速箱、传动杆、与刹车相关的内部装置等。而这些对驾驶者来说是不可见的，它们是对汽车的“系统设计”。

2.5　如何做好需求分析

2.4 节对比了需求分析和系统设计，本节将具体介绍需求分析。

2.5.1　如何描述需求

在描述需求时，我们要考虑的是：如何用寥寥数语勾勒出一个系统的功能。

以 GFS（Google File System，Google 文件系统）为例，其需求可以被描述为：

> GFS is designed to provide efficient, reliable access to data using large clusters of commodity hardware.
>
> （GFS 的设计目的是，基于商用硬件组成的大型集群，为其提供有效和可靠的数据访问机制。）

从上面这句话中我们可以得到如下几个要点。

（1）GFS 是用来保存数据的。

（2）GFS 用于很大的集群（Large Cluster）。

（3）GFS 用于标准的商用硬件（Commodity Hardware），而不是专用的硬件。

（4）GFS 提供有效的（Efficient）、可靠的（Reliable）数据访问机制。

在获得这些需求信息后，是不是就可以开始做系统设计了？并不是，我们还需要更加详细的信息，例如：

（1）这个系统可以存储的文件数量是几百万、几千万个，还是几十亿个？

（2）这个系统存储的文件的大小是如何分布的，是都为相同大小，还是分布在一个很大的范围内？是几十 KB，还是几百 MB、几百 GB？

（3）这个系统的总存储容量，是几百 GB，还是几百 TB，或是几百 PB？

（4）这个系统的读写能力是怎样的，包括每秒读写文件的次数、数据传输速率、读写延迟等参数。

（5）这个系统的容错能力是怎样的，计划在哪些错误场景下可以继续工作。是几台存储服务器发生故障，还是单/多个机房发生故障？

（6）这个系统在一致性方面的定位是什么样的，是强一致、弱一致，还是最终一致？

（7）这个系统对外的接口是什么样的，是通用的文件读写接口，还是特殊的接口？

……

类似这样的需求描述，还需要列出很多条才能对 GFS 这样的存储系统的需求做出完整和准确的刻画。其中，任何一点变化，都可能使系统的设计发生很大变化。

而且在需求描述中，需要使用精确的数字来刻画需求。对于很多指标来说，量变会导致质变。例如，总存储量从几百 TB 改变为几百 PB，会导致设计发生重大变化。

2.5.2　对需求分析的误解

关于需求分析，很多软件工程师仍存有很多错误的认识。下面列出几个典型误解。

误解 1：需求分析和软件工程师没有关系。

1）常见问题

很多软件工程师（也称研发工程师）认为，需求分析是产品经理的工作，和软件工程师没有关系。根据我曾做过的一些小范围的调研结果来看，软件工程师中写过需求文档的占比比较低。

另外，在很多公司，软件工程师在需求评审中的参与度也是偏低的。很多软件工程师只是被动地接受产品经理给出的需求，而不会思考和评判这些需求的合理性。在很多团队中，软件工程师和产品经理的关系在一定程度上都存在着问题。

2）危害

软件工程师被动地接受产品需求，会影响自身的工作积极性。前面也提到，写代码是需要激情的。对于被动参与的项目，对于不了解用户价值的产品，软件工程师很难产生工作上的激情，从而影响最终产出物的质量。

软件工程师不深入参与需求分析工作，也会影响沟通效率。人和人的沟通效率在很多时候都是比较低的，如果软件工程师对需求的理解只是一知半解，必然会影响执行效果。在很多场景下，不可能要求产品经理把所有细节都写在交流文档中，很多细节的决定权实际上在软件工程师手中。软件工程师对于产品需求的理解，会影响这些细节实现的质量。

另外，对于一个系统来说，仅有“产品需求”是不够的，还需要分析“系统需求”。例如，对于一个“春晚抽红包”的产品，产品经理会考虑游戏规则、交互逻辑等，但是仅有这些信息是不够的，还需要考虑系统容量、容错能力等需求。后者肯定是产品经理想不到的，而对于系统设计来说，这些是非常重要的输入信息，需要由软件工程师给出。

3）正确做法

对于偏用户方向的产品项目，软件工程师需要深入参与需求评审。软件工程师应该对自己研发的产品有深入的理解，而不能仅成为被动的接受者。我强烈建议软件工程师也应该学习产品设计方面的知识，这对于一名软件工程师的职业发展也是有利的。在产品需求之外，软件工程师还需要整理系统的需求。可以按照 2.5.1 节中描述的方法，给出关于系统需求的详细和定量描述。

对于很多本身就具有技术性的项目，很多软件工程师事实上兼任着产品经理的角色，只是很多人没有察觉到而已，而这时应从产品经理的角度来思考用户的需求和产品的定位。

误解 2：做需求分析时考虑实现细节。

1）常见问题

很多软件工程师在参与需求分析或需求评审时，并没有考虑需求本身的合理性，而是大量考虑系统实现的细节。很多研发人员在发表意见时，经常想到的是：这个需求不好做，所以还是不要做了。

对于没有产品经理参与而由软件工程师自己来主导的项目，很多软件工程师会忽略需求分析，直奔系统设计，甚至直接开始编写代码。的确，对于很多软件工程师来说，编写代码才是最令人兴奋的事情。

2）危害

以上做法会影响软件工程师对需求分析的“聚焦思考”。人类虽然是这个星球上最高等的生物，但在“多任务”处理方面，很多时候还不如一个廉价的 CPU。我们很难在思考实现机制的时候，也同时把“需求分析”这件事情做好。所以，这是我们作为人类的一个局限性，这也印证了中国的一句古话：不能一心二用。

另外，以上做法还存在一个更大的危害，即“实现决定需求”。软件的价值来自软件对用户需求的满足度。如果我们从实现的角度而不是从用户的角度来确定需求，这必然会影响软件的价值，从而导致软件研发的失败。

3）正确做法

要从用户的角度来确定需求。有些功能虽然实现起来很简单，但是如果对用户没有价值，就不要去实现；有些功能虽然实现起来很复杂，但是如果对用户非常有价值，也要努力去实现。需求的重要性，一定是从用户的角度来考虑的，根据对用户价值的高低来确定，而不是根据实现的难易度来确定。

有些读者会问：

“在做需求分析和需求评审的时候，还要不要考虑实现的成本？”

“有些功能根本就做不出来，怎么办？”

在做需求分析的时候，我们在实现方面要考虑以下两点：第一，实现的可行性，如果不具备实现的可行性，那么这样的功能即使被提出，也是没有意义的，有时需要修改需求，降低用户的满意度，使之可以被实现；第二，在确定开发的先后顺序时，可以考虑实现的成本，可以根据 ROI（Return On Investment，投资回报率）来确定功能的开发顺序。

2.5.3　需求分析的重要性

需求分析这件事情实在是太重要了。为了能让大家有一个更加深刻的印象，本节我要再次强调这个理念。

我们来回答一个问题：导弹和炸弹，哪个更高级呢？大家肯定会说是导弹。

那么，对于导弹，什么是最有价值的模块呢？是它的导航模块，还是它的战斗部（也就是炸药）？大多数读者都会回答：是导航模块。

在软件研发中，需求分析的地位就相当于导弹中的“导航模块”。系统设计、编码、测试这些工作，相当于导弹中的“战斗部”。如果导航模块出现问题，即导弹被导向了错误的目标，那么，即使战斗部再强大也是没有用的。

在现实世界里，非常遗憾的是，有太多的“炸药”（研发资源）都爆炸在了错误的地方！

2.6　如何做好系统设计

本节我们将简要介绍与系统设计有关的一些内容。

2.6.1 什么是系统设计

很多人都写过系统设计文档。但是，我多次在与软件工程师交流的现场，问过大家一个问题：在系统设计文档中应该写什么。很多人都无法给出准确的回答。

在维基百科（Wikipedia）中，系统设计的定义如下。

> **Systems design** is the process of defining the architecture, modules, interfaces, and data for a system to satisfy specified requirements.
>
> （系统设计是定义系统的架构、模块、接口和数据以满足特定需求的过程。）

这个定义总结得非常好，其中提到了系统设计中需要包含的几个要点：**架构**（Architecture）、**模块**（Modules）、**接口**（Interfaces）、**数据**（Data）。

这个定义中还提到了非常重要的一点，就是系统设计要满足指定的需求（Specified Requirements）。在系统设计中，经常要做出一些设计权衡（Tradeoff），这时候需要依据需求来做出决策。如果在需求分析阶段工作做得不够充分，那么在系统设计阶段也很难做出正确的决定。

另外，这个定义没有提到以下两点，但是它们也需要包含在系统设计中。

一个是系统中使用的“关键算法”。对于某些系统来说，算法是比较复杂的，需要花费不少精力来设计。

另一个是“系统设计思路”，也就是 2.4.2 节中提到的“为什么”（Why）。仅仅在系统设计中留下最后的结果是不够的，如何推导出这个结果，其“过程”也同样重要。当前的系统设计并不是终点，未来也会有优化或重构。对于未来从事这些工作的同事来说，系统设计中所留下的“设计思路”是非常有价值的。我们有时也会看到很多系统在重构后，并没有比以前的更好，甚至在很多地方重蹈了之前的错误，这和系统设计文档中“设计思路”的缺失有很大关系。

2.6.2　设计文档的分类

系统设计文档可以分为以下几类。

（1）总体设计文档：描述系统的总体构成和运行机制。

（2）子系统设计文档：描述构成系统的某个子系统的组成和运行机制。

（3）接口定义文档：描述系统对外提供的接口。

（4）关键算法说明文档：描述系统中的关键算法。

（5）数据表设计文档：描述系统使用的数据表的设计，可能是数据库的设计，也可能是其他存储设备的设计。

……

以上这些设计文档应该是相互独立的，都有各自的主题和聚焦点。有一种错误的做法是，把这些内容都混杂在一个文档中，这是我非常反对的做法。

将不同类型的设计文档独立存放的原因基于以下几点。

（1）便于读者阅读。每个文档都有特定的读者，比较典型的是“接口定义文档”，这个文档是提供给系统的外部使用者的。外部使用者并不需要了解系统的内部设计。

（2）便于编写文档的人进行修改和维护。进行切分文档后，在做修改维护时冲突的可能性会大大降低，同时也降低了设计文档成为“巨型文档”的可能性，对短小的文档进行阅读和维护的难度都更低。

2.6.3　什么是系统架构

在系统设计中，一个非常重要的内容是“系统架构”。

什么是系统架构？这个问题我也多次在现场交流时问过大家，我发现很多工程师都说不清楚。

关于系统架构，维基百科也给出了一个非常好的定义。

> A system architecture is the **conceptual model** that defines the **structure**, **behavior**, and **more views** of a system.
>
> （系统架构是概念模型，定义了系统的结构、行为和更多的视图。）

关于这个定义，从字面上可以这样理解：

（1）系统架构是一个“概念模型”（Conceptual Model）。

（2）系统架构定义了系统的结构（Structure）、行为（Behavior），以及更多的视图（More Views）。

关于这个定义，这里给出另外一种解读，供大家参考。

（1）静。首先，从静止的角度，描述系统如何组成，以及系统的功能在这些组成部分之间是如何划分的。这就是系统的“结构”。一般要描述的是：系统包含哪些子系统，每个子系统有什么功能。在做这些描述时，应感觉自己是一名导游，带着游客在系统的各子系统间参观。

（2）动。然后，从动态的角度，描述各子系统之间是如何联动的，它们是如何相互配合完成系统预定的任务或流程的。这就是系统的“行为”。在做这个描述时，应感觉自己是一名电影导演，将系统的各种运行情况通过一个个短片展现出来。

（3）细。最后，在以上两种描述的基础上，从不同的角度，更详细地刻画出系统的细节和全貌。这就是“更多的视图”。

经过静、动、细三方面的描述，我们可以在脑海中“清楚地看到”一个系统。

另外，在一个系统中，系统架构在多个层次都有所体现。“总体设计”中包含对系统总体的系统架构描述；“子系统设计”中包含对子系统的系统架构描述。在这两个设计中，使用的设计方法是类似的，只是所在层次不同而已。

2.6.4 系统设计的原则和方法

在系统设计中，有很多重要的原则和方法。受篇幅所限，本节只给出最重要的几条。

1. 单一目的（Single Purpose）

在系统中，每个组件（子系统/模块）的功能都应该足够专注和单一。

我认为，这是系统设计中最重要的原则。“单一目的”是组件复用和系统方便扩展的基础。

很多软件工程师在做系统切分时，没有遵守这个原则，将多个功能放在一个子系统中。这样就会使这个子系统的功能过于复杂，难以维护。另外，这样的子系统由于功能不专一，也难以供其他场景使用（别人需要 A，你却给出了 A+B，超出了需求，给使用者增加了负担）。

2. 对外关系清晰

在系统中，各子系统/模块之间的关系应该简单而清晰。对于每个子系统，应该通过明确的对外接口来访问。

很多人都感到软件很复杂，而软件的这种复杂性，在很大程度上来自软件中各子系统、各模块之间的耦合关系。非常有意思的是，软件的复杂性（也可以叫“坑”）并不是别人强加给软件工程师的，而是软件工程师自己造成的。这就好比，软件工程师自己“吐”出了“丝”（也就是子系统间的各种关系），而这些“丝”却把软件工程师自己缠住了，让他们无法解脱。所以，在软件中管理子系统间的关系非常重要。

很多软件工程师都学习过这样的内容：要避免在软件中使用“全局变量”。全局变量的可怕之处在于：在你没有察觉的情况下，在某个子系统中开放了一个行为不确定的对外接口，从而使得子系统的对外关系变得不清晰。如果一个软件中存在很多全局变量，这个软件中子系统间的关系就会变得非常混乱，这样的软件非常难以把握和维护。

3. 重视资源约束

在系统设计中，要考虑到资源对于设计的约束。

常见的资源包括计算（CPU 资源）、存储（内存、磁盘等）、I/O 和网络。在系统设计中，可能会出现一种或多种资源成为瓶颈。作为一名软件工程师，要清楚地了解资源的瓶颈，并采取相应的对策。

有些时候，多种资源之间是可以互相转换的。比如，可以采用“空间换时间”的方式，即使用更多存储来降低对 CPU 资源的使用；也可以采用“压缩”的方法，即使用更多 CPU 来降低对网络资源的使用。

顺便说一句，数据结构是所有高校计算机专业学生的必修课。但是在多次现场交流中，我发现很多软件工程师虽然在学校学习过链表、二叉树等概念，但并没有掌握数据结构的本质。在我看来，数据结构这门课可以用以下两句话来概括。

（1）如何用空间换时间。从链表到哈希表，再到二叉树，通过使用更多的存储空间，不断降低查找等操作的复杂度。

（2）如何在“读复杂”和“写复杂”间做权衡。对很多数据结构来说，“读”和“写”经常是一对矛盾的操作。在很多时候，我们会假设“读”的频率远高于“写”，于是在优化中更偏向于牺牲“写”的性能，从而提升“读”的性能。

4. 根据需求做决策

从上面的描述中可以看到，在系统设计中，软件工程师经常需要做设计决策的权衡。要想实现同样的功能，可以消耗更多 CPU 资源，使用较少的存储资源；也可以消耗较少的 CPU 资源，使用更多的存储资源。

在做设计决策时，“需求”是重要的决策依据，这也是为什么我们要一再强调需求分析的重要性。

5. 基于模型思考

在系统设计中，软件工程师思考的重点是概念、模型、数据结构和算法，大家应该（也完全可以）脱离代码实现的细节，比如，使用的编程语言、具体的函数实现细节等，而基于模型思考的能力是软件工程师需具备的重要能力之一。

在现实中，我发现很多软件工程师在系统的认识方面很难脱离对代码细节的关注。例如，要求对某个程序的实现进行分析，一名软件工程师给出的回答是：

“这个程序从 main 函数开始运行，main 函数调用 A 函数，A 函数调用 B 函数、C 函数，B 函数调用 D 函数……”

另一名软件工程师给出的回答是：

“这个程序是用来处理 HTTP 请求的，使用了多线程的机制，在程序中包含了一个转发路由表……”

从以上两个回答中可以明显地看到，两名软件工程师所“看到”的程序是完全不同的，第一名看到的是代码的细节，第二名看到的是系统中所包含的概念和模型。

有些读者可能会问，你说的“模型”这个词太抽象了，到底应该怎么去学习呢？其实从小到大，我们在学校学过的很多课程都是为了锻炼对模型的思考能力，数学、物理、化学这些学科都包含了模型，操作系统、计算机网络、系统结构这些学科里也都有模型的身影。对每个新领域的学习，学习者都会从基本概念出发，在概念间建立联系，通过逻辑构建起一个模型的大厦。有兴趣的读者也可以从一些教科书或论文中看看它们是如何描述系统的模型的。

2.6.5 重视对外接口

外部通过系统向外提供的接口来访问系统所提供的功能。

在实际工作中，很多软件工程师常常忽视了对外接口的设计，他们对系统内部机制的设计非常感兴趣，会投入很多精力；而对于对外接口的设计，很多人会认为这没有多高的技术含量，所以往往投入的精力较少，热情度较低。

1. 对外接口比系统内部实现更重要

这里我想表达一个观点：系统的对外接口比系统的内部实现更重要。这是为什么呢?

第一，对外接口定义了系统对外所提供的功能。如果功能不正确，系统就不会产生价值，而我们编写软件的最终目的是提供价值。

第二，对外接口决定了系统的外部关系。在这方面，希望大家能够记住一句话“外交无小事”。对于内部实现，想要优化和修改是非常容易的，而对于外部关系，在确定后是非常难以修改的。

2. 对外接口的形态

刚才强调了对外接口的重要性，大家一定会问，那么哪些是对外接口呢?

对外接口形态包括:

（1）模块对外的函数接口。

（2）平台对外的 API（Application Programming Interface，应用程序接口），可能是 Web API，也可能是 RPC（Remote Procedure Call，远程过程调用）接口。

（3）系统间的通信协议。比如，基于 Protocol Buffer 定义的协议，或者私有二进制协议。

（4）系统间存在依赖的数据。比如，一个系统给另外一个系统提供的词表。

3. 设计和修改对外接口的注意事项

由于对外接口是给外部用户使用的，因此在设计时需要考虑对外接口的“用户体验”，以保证其易用性。有些系统的对外接口由于没有做过很好的规划和命名，导致使用者在使用过程中非常难以理解。

另外，在修改对外接口时要非常小心，要努力保证对外接口的向前兼容性。平日里一个常见的问题是，系统第一版的对外接口设计得非常仓促，待这个接口已经被大范围使用后，软件工程师又想做较大修改，此时才发现修改的成本非常高。如果修改后的对外接口无法向前兼容，那么会影响已经调用了老接口的各种上游的应用。希望读者能够了解对外接口的设计和修改规律，在第一时间就把对外接口的设计做好，避免在后期陷入这样的困境。

由于篇幅关系，关于系统设计的方法我们只做概括性介绍。感兴趣的读者可以阅读 Google 关于系统设计的三大经典论文：GFS[1]、Big Table[2]、Map Reduce[3]。在阅读过程中，可以重点关注以下几方面。

注1. 相关内容参阅：Sanjay Ghemawat, Howard Gobioff, Shun-Tak Leung. The Google File System. Proceedings of the Nineteenth ACM Symposium on Operating Systems Principles - SOSP '03.

注2. 相关内容参阅：Fay Chang, Jeffrey Dean, Sanjay Ghemawat, Wilson C. Hsieh, Deborah A. Wallach, Mike Burrows, Tushar Chandra, Andrew Fikes, Robert E. Gruber. Bigtable: A Distributed Storage System for Structured Data. 7th USENIX Symposium on Operating Systems Design and Implementation(OSDI), {USENIX}（2006）, pp. 205-218.

注3. 相关内容参阅：Jeffrey Dean, Sanjay Ghemawat. MapReduce: Simplified Data Processing on Large Cluster. OSDI'04: Sixth Symposium on Operating System Design and Implementation, San Francisco, CA（2004）, pp. 137-150.

（1）作者是怎么描述问题和出发点的？

（2）作者是怎么描述系统所支持的模型的？

（3）作者是怎么描述系统架构的？

2.7　如何写出好代码

到目前为止，本章还没有涉及过多与代码相关的内容。本节我们来讨论如何写出好代码。

2.7.1　代码的沟通价值

1. 50%以上的时间是用于沟通的

看到这个标题，读者可能会很诧异：

“代码不是由计算机来执行的吗，怎么会是一种表达方式？”

“这不是讲如何写代码的书吗，怎么好像是在讲语文？”

我想问读者一个问题：在做软件项目的过程中，我们的时间都用在哪里了？

有些读者可能会说，用来写代码了。还有些读者可能会说，如书中介绍的，用在做需求分析、系统设计、编码、测试、上线等工作上了。

在差不多 20 年前，我看过一本介绍软件工程的书，这本书告诉我，在一个项目中，超过 50%的时间是用于沟通的。

在很多公司，软件工程师的很多时间都花在了开会上。很多人告诉我，只有晚上才有时间写代码，白天被安排了各种会议。而如果将“沟通”仅仅理解为“开会”的一种形式，就有些狭隘了。

沟通方式包括：面对面交流、发送邮件、基于聊天工具（学名叫 Instant Message）沟通、写项目文档、写代码等。

2. 写代码也是一种沟通方式

写代码也是一种沟通方式！

对于一名软件工程师来说，其实有相当大比例的时间是通过阅读代码来和他人沟通的。例如，当你给同事做代码评审（Code Review）时，你和这位同事是基于被评审的代码进行沟通的；当你接手一个项目的代码时，你和之前参加过这个项目的同事是在做跨越时间和空间的沟通；有时，你也需要阅读自己曾经写过的代码，这是你在和曾经的你进行沟通。

从你的过往经历来看，你认为这种沟通方式顺畅吗，你感觉愉快吗？在很多次现场交流中，我曾经问观众：

“你在阅读前人的代码时感到很舒服，并希望能和写出这段代码的同学握手。遇到过这种情况的同学请举手。”

现场举手的观众不能说没有，但也只有寥寥几个。我继续问：

“你在阅读前人的代码时认为代码质量很差，甚至想骂上几句。有这种情况的请举手。”

每次现场都有好几位观众会很积极地把手举起来。可见，对所接手的代码有较差阅读体验的软件工程师比例肯定不低。

3. 代码为人而写

在 20 多年前，计算机相对于人力成本而言是比较昂贵的，CPU 的性能比较差，编译器也做得不够好，在某些场景下软件工程师还需要为提高性能而不得不在代码的编写方式上做一些特殊考虑。我记上大学时有位老师曾经讲道：“需要将循环手工展开，以提高执行的性能。”那时的代码可以称为“为机器而写”。

但是，现在的情况已经发生了很大变化。CPU 的性能有了很大提高，编译器也变得非常强大，对于我们所了解的很多优化技巧，编译器都已经帮忙做了相关处理。相对于代码的编写，长期维护代码的成本更高，软件工程师的更多时间其实是花在阅读和维护代码上了。除了少数底层的代码，大部分的代码应该是“为人而写”，也就是说代码要有很高的可读性。

在代码的可读性方面，如果希望达到一个理想化场景，可以用下面几点来概括。

（1）在阅读别人代码时就感觉像在阅读自己的代码。如果没有一个很好的规范，每个人都有自己的“风格”，那么在阅读别人的代码时，经常需要一个“适应”过程，这实际上降低了代码的阅读效率。

（2）阅读代码时能够专注于代码逻辑，而不是格式。在阅读代码时，最需要看懂的是代码的逻辑。但是由于很多软件工程师的代码写得不够规范，代码的格式无法准确传递出代码应有的逻辑。在这种情况下，代码阅读者只好通过自己的大脑来“模拟”一次重新格式化（Re-Format），然后才能很好地理解代码的逻辑。在很多时候，我恨不得立刻动手将所阅读的代码的格式进行优化，否则阅读起来真的很吃力。

（3）Don’t make me think（别让我思考）。这是一本书的名字，这本书是讲交互设计的。在代码的可读性方面，“别让我思考”也是软件工程师应该追求的目标。除少数算法逻辑需要非常复杂的代码外，对于大部分的业务和系统代码来说，这是可以实现的目标。

4. 表达能力很重要

表达能力对于一个人的发展是非常重要的。

一般在代码编写上表达不好的软件工程师，在其他方式的表达上也会存在问题，其他表达方式包括写文档、发送邮件、写 PPT、口头沟通等。

我始终认为，软件工程师最需要提高的职业素养并不是编码的能力，而是在语文和哲学方面的素养。很多软件工程师的大学专业都属于理工科，他们往往容易忽视语文和哲学学科的学习。我在上中学时，语文学得不太好，和数理化三科相比要差很多，后来才发现文史哲这些学科对从事计算机行业的相关工作也是非常重要的。

语文学得不好，会影响表达能力，更会影响阅读和学习能力。如果表达能力不好，那么你说的话别人听不懂；如果阅读能力不行，那么别人说的话你也听不懂，抓不住重点。

我们可以从哲学这个学科中了解世界的很多基本规律，如果在工作中违反了这些规律，一定会撞得“头破血流”。比如，软件中很重要的一条规律是“没有完美的系统，要在很多指标间做权衡。”如果一个人告诉你，他研发的系统在各项指标上都是最优的，你几乎可以立刻断定，他是在说谎。

逻辑学也是哲学的重要组成部分，软件研发非常依赖于准确和严密的逻辑。写代码需要依靠严密的逻辑，软件设计推导也需要依靠严密的逻辑。我曾经看到过不少系统设计中出现了很多逻辑跳跃，仔细推敲后就会发现这是逻辑的纰漏，这样的系统早晚出问题，是经不起时间的检验的。

因此，我强烈建议，请从事软件开发的读者多在语文和哲学学科上下功夫。

2.7.2 模块的设计方法

1. 程序的构成

一段程序的构成如图 2.8 所示。

（1）程序由多个模块构成。

（2）每个模块内包含数据的定义、函数的实现和类的实现。

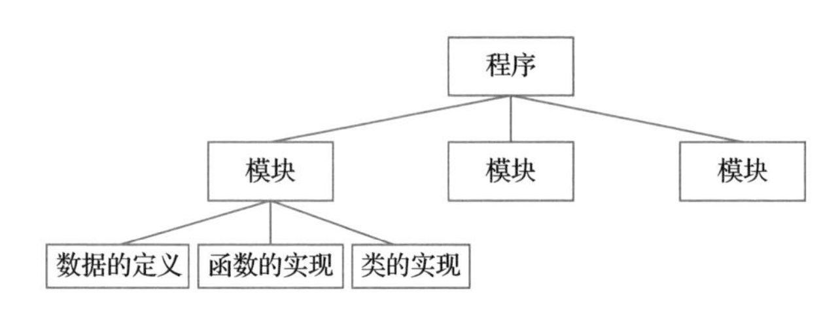

图 2.8 程序的构成

2. 模块的形态

在实际代码中，模块长什么样子?

对于这个问题，我同样在多次现场交流中提出过。有些意外的是，确实有不少软件工程师答不上来。

下面我们看看在 C 语言、Python 语言和 Go 语言中模块的表现形态。

（1）在 C 语言中：一个.c 文件加上一个.h 文件就构成了一个模块。.h 文件用于声明模块对外的接口（包括需要外部看到的结构体定义），.c 文件中包含的是模块的实现。

（2）在 Python 语言中：一个.py 文件就构成了一个模块。一个文件要使用另外一个文件中的变量、函数和类，并需要用 import 来显式地声明。

（3）在 Go 语言中：一个 Package 是一个模块。一个 Package 内可能包含多个.go 文件，但是这些文件之间是没有“隔离”的（不用 import 就可以直接访问另外一个文件中的变量或函数），所以不能将一个.go 文件视为一个模块。

其他语言的模块形态这里不再一一赘述，大家可以参考以上几个语言的例子来判断。

3. 模块划分的重要性

在程序设计中，模块的切分非常重要，但是我发现在大部分的编程书中并没有对这点给予足够多的重视。

好的模块划分是让软件架构稳定的基础。如果模块划分得好，未来仅需要对模块内的实现做一些修改即可，对程序的改动量并不大；如果模块划分得不好，整个程序很可能要完全推翻重写。这就好比一座大楼，如果基础框架没有问题，若干年后只需要重新对内部做一次装修即可；但是如果大楼的基础框架存在问题，就需要将大楼完全推倒重建。两种结果的成本差异巨大！

模块划分的好坏极大地影响了软件的复杂度，而软件的复杂度决定了软件的可维护性。如果模块划分得不好，一段程序内的多个模块间会存在严重的耦合，这样的软件难以理解，也难以修改，往往牵一发而动全身。程序中的“耦合”并不是外部强加给软件工程师的，而是软件工程师自己造成的。模块间复杂的耦合关系就像蚕吐出的丝，最后把软件工程师自己给“绑”住了。我们在程序设计中要尽量避免“耦合”。

模块划分得好坏也决定了代码的可复用性。前面介绍“好代码的特性”时，有一条标准是关于代码的“共享”。如果一段程序内的模块划分得不够清楚，这段程序的模块是不可能被抽出来供其他程序使用的。

4. 模块设计的方法

说到模块的设计，“紧内聚，松耦合”是大家经常听到的一句话。这句话到底是什么意思呢？我曾多次在线下交流会上问过现场观众，发现没有几个人能解释清楚，他们更说不清楚在实践中如何落实这个原则。

关于模块设计，我这里给出三点说明。

（1）**单一目的（Single Purpose）**。一个模块所提供的功能一定要聚焦和单一。不要把很多无关的功能都放在一个模块中。“单一目的”是模块设计中最重要的原则。只有做到了“单一目的”，才能实现“紧内聚”。

（2）明确对外接口。一个模块的对外接口是清晰和明确的。在 2.6.5 节中介绍了对外接口的重要性，对于一个模块来说，也要仔细设计它的对外接口。如前文所述，“全局变量”就是一种非常不好的接口方式。如果实现了“明确对外接口”，就可以做到“松耦合”。

（3）以数据为中心。在做程序的模块划分时，首先考虑有哪些数据类的模块，然后再考虑其他模块（如过程类的模块）。具体方法见本章 2.7.3 节“划分模块的方法”。在 20 多年前，GNU 创始人 Richard Stallman 曾经到清华大学访问并发表演讲，现场有一位同学问他应该如何写程序。Richard 说，应该从数据出发来思考。

5. 模块划分的误区

在模块划分方面，经常出现以下几种误区。

误区 1：所有代码放在一个模块中，因为规模太小。

（1）对错误行为的描述：很多软件工程师把“代码量”作为划分模块的重要标准。例如，用 Python 语言编写某段程序，因为只有 200 行，于是都将其放在一个.py 文件中。类似这样的情况我见过不少。

（2）对错误行为的反驳：首先，模块划分的原则和代码量没有任何关系。依据代码量来划分模块，违反了上面提到的“单一目的”原则。其次，程序的规模在早期是无法预估的。初始只有几百行的程序，经过一段时间的完善和发展，可能会达到几千行甚至几万行。如果在初期没有将模块划分好，等程序“长大”后再划分就已经晚了。这种“都放在一起”的模块其实也很难很好地“生长”。

误区 2：把所有用到的附加功能都放在 util 模块中。

（1）对错误行为的描述：把程序所需要的各种辅助类的逻辑都放在一个叫作 util 的模块中，有时候也叫作 common。

（2）对错误行为的反驳：这种做法也同样违反了“单一目的”的原则。util 模块在开始建立的时候，可能很简单。但是一段时间后，这个模块会变得越来越“大”，越来越庞杂，最后成为一个非常难以维护的模块。其实，可以根据功能将 util 模块进一步划分为多个功能单一的模块。比如，将做文件处理有关的逻辑整合为 file_util。

误区 3：从“过程”的角度出发考虑模块的划分。

（1）对错误行为的描述：很多软件工程师在划分程序的模块时，是从程序执行的过程来考虑的。假如程序中有 A、B、C 三大处理环节，则相应地会划分为三个模块。也有一些软件工程师会将“系统初始化”作为一个独立的模块，而对于程序中的“数据”，则没有建立独立的模块，其定义和实现混杂在这些过程类的模块中。

（2）对错误行为的反驳：应该首先从“数据”的角度出发来考虑。具体方法将在本章 2.7.3 节“划分模块的方法”中介绍。

6. 题外话：C 语言是面向过程的吗

我们常听到一种说法，C 语言是面向过程的，C++语言是面向对象的。这种说法正确吗?

20 多年前我在清华大学读书的时候，当时计算机系的蒋维杜老师告诉我：

“C 语言不是面向过程的，而是‘基于对象’（Object Based）的。和‘面向对象’（Object Oriented）相比，‘基于对象’不支持‘继承’和‘多态’。”

而使用 C 语言，也可以实现对数据的封装。

在多次现场交流中，我会问一个问题：C 语言中 static 关键字的作用是什么。大多数观众都能说出 static 是用于定义“静态局部变量”这一作用。例如，在以下程序中，num 被定义为“静态局部变量”，以后在每次调用函数时就不再重新赋初值，而是保留上次函数调用结束时的值。

```
void count()
{
    static num = 0;
    num ++;
    printf("%d\n", num);
}
```

其实，这样的用法在真实代码实现中并不常见。而我个人的观点是，这种编写方式甚至是不利于程序的维护的。一个函数的实现应该是尽量“无状态”的。

而 static 的另外一个作用却很少有观众能回答上来，那就是当它放在全局变量的前面时，可以限制这个变量的访问范围。这个变量仅能被同一个.c 文件内的代码访问，其他 .c 文件是无法直接访问这个变量的。

在下面的例子中，使用 static 装饰了一个变量 pTable，这个变量指向一个数据表。之后分别定义了一个“读接口”set()和一个“写接口”get()。这个模块外部只能通过这两个接口才能访问这个数据表，于是就实现了对数据的封装。

```
// data_table.c
static Table_item *pTable;

int get(int key, int *value) {
    // get from *pTable
}

int set(int key, int value) {
    // set to *pTable
}
```

我个人一直对“面向对象”所提供的“多态”和“继承”这两种超级能力抱有非常谨慎和小心的态度。我也曾经花了不少时间去学习 C++语言的各种复杂能力，但是后来却发现很多能力在工程实践中不一定是必需的，这些复杂的能力也给软件维护带来了困难。从软件可维护性的角度来看，如果能够实现同样的目的，方法应该是越简单越好，有时甚至要通过编程规范等手段来限制或禁止一些复杂方法的使用。

“继承”里面隐含着关于软件设计的一个巨大矛盾：软件到底是被一次设计出来的，还是被逐步发展出来的？如果要设计超过两层的继承关系，需要在早期就对多个类之间的关系有比较清楚的认识和设计。而在软件的实践中，在大多数情况下我们的认识是随着软件的发展而逐步深化的，不太可能在设计早期就能够看得这么清楚。而复杂的继承关系，对于软件后期的维护调整也是非常大的挑战。类的“继承”层级最好不要超过三层，而在大多数场景下只用两层就可以了。

2.7.3　划分模块的方法

《设计模式：可复用面向对象软件的基础》是一本非常知名的书，其中介绍了 20 多种设计模式。我在很早之前就看过这本书，但是说实话一直没有完全掌握书中的内容。这里给出一种比较简单的方法用于划分模块，供读者参考。

根据是否封装数据，可以把模块划分为两类：

（1）数据类的模块：用于实现对数据的封装。

（2）过程类的模块：其中不包含数据封装。

1. 数据类的模块

数据类的模块基于以下两种方法之一实现对数据的封装。

（1）模块内的全局静态变量。这种方法用于像 C 语言这样不支持类和对象的语言。

（2）类的内部变量。这种方法用于支持类和对象的语言，如 C++语言、Java 语言、Python 语言、Go 语言等。

在以上两种方法中，优先使用第二种。第一种方法其实已经是比较过时的方法了，它的局限是只能同时运行一个实例，如果想同时支持多个实例，会出现数据冲突。在 C++语言、Python 语言、Go 语言中，大家都要避免使用第一种方法。

即使对于 C 语言这样不支持类和对象的语言，其实也可以支持多个实例，可以在每个接口中都传入数据实例的指针。针对 2.7.2 节中“题外话：C 语言是面向过程的吗”中的例子，可以将程序改造为：

```
// data_table.c
Table_item *table_init() {
   // initial pTable
   return pTable;
}

int get(Table_item *pTable, int key,  int *value) {
    // get from *pTable
}
```

```
int set(Table_item *pTable, int key, int value) {
    // set to *pTable
}
```

下面是使用 Python 语言实现的例子，其中使用了类的内部变量来实现数据的封装。

```
class demoTable(object):
    def __init__(self):
        self.table = {}

    def set(key, value):
        self.table[key] = value

  def get(key):
        return self.table[key]
```

数据类的模块要对外提供明确的数据访问接口。大家所熟悉的数据结构和算法属于模块内部的工作。在上面 C 语言和 Python 语言的例子中，都提供了读接口和写接口。

在做程序的模块划分时，首先考虑有哪些数据类的模块，并用上面的方法定义出来。

2. 过程类的模块

过程类的模块本身不包含数据，在执行过程中，它会调用其他“数据类的模块”或“过程类的模块”。

例如，在图 2.9 中，module_D 是一个过程类模块，它调用的 module_A 和 module_B 是数据类模块，而 module_C 也是一个过程类模块。

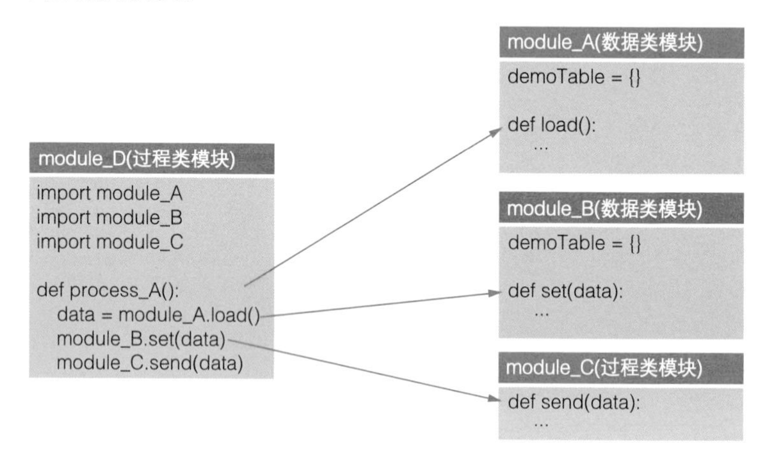

图 2.9 过程类模块对其他模块的调用

3. 以 BFE 开源项目为例

在 BFE（Beyond Front End）开源项目[1]中，使用了以上介绍的划分模块的方法。

BFE 是一个七层负载均衡软件，原来的开发初衷用于百度内部服务。截至 2019 年年底，BFE 所支持的转发平台的日转发请求约 1 万亿次，日峰值请求超过每秒 1000 万次查询。2019 年年中，BFE 转发引擎对外开源，2020 年 6 月 BFE 开源项目被 CNCF（Cloud Native Computing Foundation，云原生计算基金会）

注1. BFE 开源项目的详情可以参考《万亿级流量转发：BFE 核心技术与实现》一书。

接受为 Sandbox Project（沙盒项目）。

BFE 开源项目位于 GitHub 官网中的/bfenetworks/bfe。在 BFE 开源项目中，数据类模块的例子包括：

（1）/bfe_balance/bal_table.go。

（2）/bfe_modules/mod_block/product_rule_table.go。

过程类模块的例子包括/mod_block/mod_block.go。

2.7.4　函数的设计方法

1. 类和函数

在面向对象的方法兴起后，独立的函数似乎已经过时了。我曾经看到，很多软件工程师把能够直接用一个函数来实现的逻辑通过一个类来实现。

在这里，我要表达一个个人观点：类和函数是两种不同的模型，它们有各自的适用范围。在一些使用独立函数就可以实现的场合中，使用独立的函数就好。相比使用类，这样的方法逻辑更简单，也更容易被复用。

引申一下，“尽力想用一种方式来描述整个世界”，这可能不是一个好主意。在 Java 语言中，独立的函数取消了，又不得不引入“静态函数”的概念。静态函数和独立函数的作用相同，但会导致这个函数和同一个类中的其他函数产生不必要的耦合。

在这里我推荐一个方法——在允许使用独立函数的语言中，对于和类的成员变量无关的函数，都写为独立的函数。

在下面的例子中，对计算逻辑使用了一个独立的函数 calc()来实现，并且把这个函数作为独立的函数置于类 SortTable 之外。如果出现其他需要使用 calc()函数的场合，可以将这个函数转移到某个公共代码库中，供所有有需求的程序调用。

```
def calc(a)
    return a * 2

class SortTable(object):
    …
    def _internal_get(self):
        return self.value

    def get(self):
        value = self._internal_get()
        return calc(value)
```

2. 函数划分

函数是模块内重要的逻辑组成单元，函数划分也是很重要的。

和模块划分类似，在函数划分方面最重要的原则仍然是“单一目的”。符合这个原则的函数更易于维护和复用；不符合这个原则的函数其含义模糊、耦合严重和难以维护。

3. 函数描述三要素

很多软件工程师只关心函数的内部实现，而不关心函数的外部“语义”。其实对于一个函数来说，首先应该从“外部”来考虑，应该清楚函数描述的三要素。三要素具体如下。

（1）功能：这个函数是做什么的。一个函数的功能尽量能用一句话表述清楚，最好在函数的开头就将函数的功能用注释的方式写下来。

在刚开始设计函数的时候，很多软件工程师就没想清楚函数的功能，所以无法用一句话说清楚；还有一些函数在最开始设计的时候其功能是明确的，但是经过一段时间的修改后，可能就“变形”了，导致功能无法清楚地描述出来。

（2）传入参数：各个参数的含义和限制条件。对于函数中的每个参数，其含义应该有明确的说明，对于参数的限制条件也应该给出说明。

对于 Python、PHP 这样支持动态类型定义的语言，最好在注释中说明参数的这些信息，否则在经过一段时间后，很可能会给阅读者带来阅读和理解上的困难。对于越灵活的语言，越需要给出更多的注释来说明。

有些软件工程师在写参数注释的时候，只写参数名称和参数类型，但是这样的说明是无效的。对于静态数据类型的语言，在注释中写参数的类型是多余的；对所有场景来说，阅读者需要了解的是参数的含义。

（3）返回值：返回值的各种可能性。返回值并不是只靠一个数据类型就可以看懂的，而是需要将返回值的各种可能性都写清楚。

如果这个函数可能抛出异常，那么就需要在函数的注释中写明。否则，对调用这个函数的人来说是不负责任的——这个函数可能导致整个程序异常退出。

函数返回值的说明是否清楚，极大影响着阅读代码的效率。在学生时代，我曾经有过这样的经历：一个 A 函数中没有对返回值的情况进行说明，于是自己只好去 A 函数的代码里面找，但是发现返回的是另外一个 B 函数的返回值，而 B 函数也没有在注释中说明返回值的情况，于是必须继续阅读 B 函数的代码。而有时候需要这么查找 3～4 层，才能搞清楚最顶层函数返回值的定义。

下面展示的是 Python 语言中一个使用 doc string 来说明函数的功能、传入参数和返回值的例子（来自 GitHub 中 Google 官方目录的“Google Python Style Guide”）。如果大家都能够按照这样的标准来写清楚函数的说明，那么无论是对你自己还是对未来的阅读者，都是一件幸事。

```
def fetch_bigtable_rows(big_table, keys,
                        other_silly_variable=None):
    """Fetches rows from a Bigtable.

    Retrieves rows pertaining to the given keys from the
    Table instance represented by big_table. Silly
    things may happen if other_silly_variable is not
    None.

    Args:
        big_table: An open Bigtable Table instance.
        keys: A sequence of strings representing the key
            of each table row to fetch.
        other_silly_variable: Another optional
            variable, that has a much longer name than
            the other args, and which does nothing.

    Returns:
        A dict mapping keys to the corresponding table
        row data fetched. Each row is represented as a
        tuple of strings. For example:

        {'Serak': ('Rigel VII', 'Preparer'),
         'Zim': ('Irk', 'Invader'),
         'Lrrr': ('Omicron Persei 8', 'Emperor')}

        If a key from the keys argument is missing from
        the dictionary, then that row was not found in
        the table.

    Raises:
        IOError: An error occurred accessing the
        bigtable.Table object.
```

```
    """
    pass
```

4. 控制函数的规模

写好程序有一个非常简单的秘诀——把函数写得短一些。

要写多短呢？从我的经验看，对 Python 这样描述能力比较强的编程语言来说，最好控制在“一屏”（大约 30 行）内；对于 C/C++这样描述能力不强的编程语言，尽量控制在“两屏”内。

对于以上标准，我是基于电脑显示器的高度来计算的。有的读者可能会说，我的电脑显示器是竖屏的，是不是可以放宽一些标准。这是不行的。因为大多数人的电脑显示器都是横屏的，只有少数人的是竖起来用的。在竖屏显示器上一屏内能看完的程序，别人在横屏显示器上看还是需要翻屏的。

只要能够按照这个标准来编写程序，在函数编写中出错的概率就会大大降低。这可能是在编码方面性价比最高的一个秘诀了。

这是为什么呢？在前面介绍对需求分析的误解时，我提到过人类的一个局限。这里再引出另一个局限：我们人类的记忆力是非常不可靠的，甚至不如一个廉价的 U 盘。当一个函数的长度超过“一屏”时，我们在阅读程序时就不得不使用非常不可靠的记忆来回想那些没有在当前屏幕上出现的内容。

关于函数长度过长所带来的危害，有这样一个例子。20 多年前，就职于微软亚洲研究院的林斌在北京大学的一次讲课中提到，微软在一个项目结束后曾经做过一次数据分析，发现这个项目中 90%的 Bug 都来自同一个函数，而这个函数的长度是 2000 多行。这个例子实在是太令人震撼了！

引申一下，在编写代码时，很多危险的根源其实来自代码编写者过于自信。在编写代码时，我们要了解自己的局限，尽量避免走入这些危险的境地。

5. 函数的返回值

函数的返回值，有哪些可能的模式呢？

我曾在现场授课时多次问过这个问题，能够给出比较明确的答案的观众并不多，也确实有一些观众在设计函数的返回值时，对于某些模式的使用出现了错误。

从返回值的角度来说，函数有以下四种常见模式。

（1）逻辑判断型。返回值为 True 或 False，表示“真”或“假”。例如，is_white_cat()。

（2）操作型。返回值为 OK 或 ERROR，表示“成功”或“失败”。例如，data_delete()。

（3）数据获取型。返回值为 Data 或 None，表示“有数据”或“无数据/获取数据失败”。例如，data_get()。

（4）数值计算/处理型。返回值为一个数值。例如，calc_xx_value（input）。

除了以上四种常见模式，还有人和我提到返回值为“函数”（即函数指针）的情况。这种方式不太常用，这里不做过多讨论。

在实际工作中，很多软件工程师会把操作型函数的返回值设计为返回 True 或 False。如果在 C 语言中，这可能会带来严重的问题。因为在 C 语言中，在检查操作返回值时习惯上把 0 视为成功，把非 0 视为失败；而在做逻辑判断时，把 0 视为假，把非 0 视为真。如果有两名软件工程师，其中一名是函数的实现方，另一名是函数的调用方，两人在函数返回值的语义方面没有达成共识，可能会导致程序联调的失败，从而需要花费额外的调试成本和沟通成本。

关于数据获取型的函数，本节再多介绍一些内容。

数据获取型函数其实也是操作型函数的一种，只不过在返回值中还包含了数据。

从返回值定义的方式上看，通过 None 来表示“获取失败”的方法已经过时了。在 None 也是一种正常返回值的情况下，这种方式无法区分“成功”或“失败”，所以应该使用独立的返回值来表示操作的“成功”或“失败”。

在 C 语言中，可以使用类似下面这样的形式。整数的返回值用来传递“成功”或“失败”，通过指针型的参数来返回数据。

```
int get(**data)
```

在 Go 语言中，可以把返回值设计为下面这样的形式，使用一个专门的返回值来传递错误的信息。

```
(data, error)
```

6. 单入口单出口

在编写函数时，推荐“单入口单出口”的方式。

但是在某些场景下，又不得不使用“多出口”的实现。比如，在下面的例子中，在 get()函数中，就有多个出口。这是多线程下的一个有锁保护的数据表，在进入函数时需要加锁，在退出函数前需要释放锁。

```
class SortTable(object):
    def __init__(self):
        self.lock = threading.Lock()

    def get(self):
        self.lock.acquire()
        if ***:
            self.lock.release()
            return ***
        elif ***:
            self.lock.release()
            return ***
```

```
    else:
        self.lock.release()
        return ***
```

有多线程编写经验的软件工程师会知道，这样多出口的函数在编写时是很容易出错的。如果一不小心少写了一个lock.release()，就会导致死锁的发生。而这样的 Bug 在调试程序时是非常困难的，要花费很长时间才能定位到错误位置。

下面推荐一种方法来减少这种错误的发生次数。

如下述例子所示，可以先写一个“内部函数”_get()，这个函数没有锁的保护，是多出口的。然后再写一个供外部调用的get()函数，这个函数是单入口单出口的，只调用一次加锁和释放锁。get()函数会调用_get()来执行复杂的逻辑。

通过这种简单的方法，可以大概率地降低死锁问题的发生。

```
class SortTable(object):
    def __init__(self):
        self.lock = threading.Lock()

    def _get(self):
        if ***:
            return ***
        elif ***:
            return ***
        else:
            return ***

    def get(self):
```

```
    self.lock.acquire()
    value = self._get()
    self.lock.release()
    return value
```

2.7.5　代码块的编写注意事项

本节我们来讨论函数内代码块应该如何编写。

1. 案例对比

首先，我们来看两个案例。大家尝试用一分钟来阅读下面这段代码，看看是否可以看懂。

```
if len(buffer) < (LOG_HEAD_LEN + LOG_TIME_LEN):
    # no enough data to get log_head and log_time
    return (False, None, buffer)
logHeader, buffer = _logHeadRead(buffer)
if logHeader == None:
    # fail to read logHead from buffer
    return (True, None, buffer)
if logHeader[LOG_HEAD_POS_COMPRESS_LEN] != 0:
    # some code is omitted
offset = LOG_HEAD_LEN + LOG_TIME_LEN +
         logHeader[LOG_HEAD_POS_UNCOMPRESS_LEN]
if len(buffer) < offset:
    # no enough data, wait for the next time
    return (False, None, buffer)
recordStr =
    buffer[(LOG_HEAD_LEN + LOG_TIME_LEN):offset]
buffer = buffer[offset:]
```

现在，再花一分钟来阅读下面这段代码。

```
if len(buffer) < (LOG_HEAD_LEN + LOG_TIME_LEN):
    # no enough data to get log_head and log_time
    return (False, None, buffer)

# read loghead
logHeader, buffer = _logHeadRead(buffer)
if logHeader == None:
    # fail to read logHead from buffer
    return (True, None, buffer)

# check whether it is compressed record
if logHeader[LOG_HEAD_POS_COMPRESS_LEN] != 0:
    # some code is omitted

# check whether record is completely in the buffer
offset = LOG_HEAD_LEN + LOG_TIME_LEN +
         logHeader[LOG_HEAD_POS_UNCOMPRESS_LEN]
if len(buffer) < offset:
    # no enough data, wait for the next time
    return (False, None, buffer)

# get record out of the buffer
recordStr =
       buffer[(LOG_HEAD_LEN + LOG_TIME_LEN):offset]
buffer = buffer[offset:]
```

其实这两段代码的执行逻辑是完全相同的，和第二段代码相比，第一段代码中去掉了空行和段首的注释。

对于一个在阅读代码方面有经验的软件工程师来说，阅读第二段代码应该是比较容易的。因为要理解代码的含义，并不需要阅读详细的逻辑，而只需要阅读各段首的注释即可。

从代码编写者的角度看，两段代码编写的成本差距很小，增加这些空行和段首注释可能只需要 1～2 分钟。但是从阅读者的角度看，阅读效率可能差距在 10 倍左右，代码编写者和阅读者之间存在极大的不对称性。所以，在编写代码时稍微增加一些工作量，就可以极大提升代码的阅读效率和可维护性。

2. 代码段落区分清楚

还需注意，在编写函数内的代码块时，关键是要把代码的段落区分清楚。

很多软件工程师对“形式化做法”很反感，认为代码能够执行就可以了。我确实看到在有些软件工程师写的代码中，对于一个有几十行代码的函数，其中一行注释和空行都没有。这样的代码阅读成本很高，阅读者必须自己来分段，并给出各段的分析。因此，代码里的这些空行、空格不是可有可无，这些形式的背后展示的是代码的逻辑。

3. Don’t make me think（别让我思考）

这句话在 2.7.1 节“代码的沟通价值”中已经提到，这里希望再次强调。好的代码应该不需要花费阅读者太多的思考成本就可以看懂，这是对于代码块的要求。如果对于一段代码，一眼看过去，无法看清其逻辑，这就不是一段好代码。

一定要记住，代码更多的是写给别人（而不是自己）看的。在编写代码的时候，你应该想象旁边有一个人，你在努力让这个人看懂你写出的代码。带着这样的感觉，你就应该能写出更容易让人读懂的代码了。

4. 注释不是补出来的

注释对于理解代码的含义很有帮助。但是在现实中，注释写得好的代码并不多。有太多的软件工程师不习惯写注释，也有不少注释是在代码写好后“补”出来的。这种补出来的注释质量往往并不高，有些只是代码执行逻辑的“自然语言重复”，并不会带来更多有价值的信息。

这里推荐给大家一种写注释的方法：**先写注释，再写代码。**

比如，当你要写一个函数的实现时，先把函数头的注释写出来，这样你就对函数的对外行为有了比较清楚的认识（可以参考 2.7.4 节中的“函数描述三要素”）; 在写函数内部的实现时，先把每段的注释写出来，然后再写代码。这样的方法能让你以一种“自顶向下”的方式来编写代码，从而更容易掌控一个函数实现的全局，而不是纠结于细节。这种对于“全局”把控的能力，对于一名软件工程师来说非常重要。

2.7.6　软件开发中的命名

本节将介绍软件开发中的命名。在软件开发中，有很多地方需要命名，比如，系统、子系统、模块、函数、变量/常量等。

1. 命名很重要

命名对软件开发很重要。这是为什么呢？

有一个成语叫“望文生义”。用于命名的话，可以改写为“望名生义”。“望名生义”是人的自然反应。当你看到一个名字时，就会根据自己的经验来理解和解释。如果一个名字的“外表”和它的“内涵”不一致，就会给对方带来阅读和理解上的困难，甚至将对方引向错误方向。

还有一个重要的原因是，命名代表了定义概念，而概念是建立模型的出发点。前面讲到系统设计是一个“概念模型”，这个模型主要由概念和逻辑推理构成。我们可以把概念想象为盖房屋的砖瓦，把逻辑推理想象为加固砖瓦的水泥。如果概念定义得不扎实，系统设计的大厦是不会坚固的。

2. 命名中出现的一些问题

很多软件工程师对于命名缺乏足够的重视，在命名上投入的精力和时间也都不足。命名中经常出现的问题举例如下。

很多名字中没有携带足够多的信息，如 do、a、b，这样的名字，对阅读者没有任何帮助。

还有很多名字携带的信息是错误的。有一些含义接近的表达，在软件开发中大家容易将它们混用，但其实它们的含义是不同的。比如，set()和 update()，is×××()和 check()。

3. 命名不是一件容易的事

命名并不是一件容易的事情。关于命名，有以下两个基本的要求。

（1）准确。名字一定要和它的内涵一致。

（2）易懂。名字要符合大多数人的习惯，易于理解。

一个好名字并不是一拍脑袋就能立刻想到的，很多时候需要反复推敲。知道“推敲”这个典故的读者应该能够理解我的意思，当年唐朝诗人贾岛对于诗中一个字的选择花费了很多心血[1]。我们在命名上也应该学习这种精神。

2.8　如何支持系统运营

在互联网时代，系统是运营出来的。任何一个系统都不是

注1. “推敲”的典故：唐朝诗人贾岛骑驴走路时，忽然想起两句诗“鸟宿池边树，僧敲月下门。”在纠结用“敲”还是“推”时，不觉走进了韩愈的仪仗队里。韩愈问怎么回事儿，贾岛如实相告，韩愈也沉思起来。最后，韩愈说：“敲字好！在万物入睡、沉静得没有一点声息的时候，敲门声更显得夜深人静。”贾岛连连拜谢，把诗句定为“僧敲月下门”。

一次就能设计出来和实现的，而是要经过反复迭代的（可参考 2.4.1 节内容）。

2.8.1　可监测性的重要性

对于系统的运营来说，系统的“可监测性”非常重要。

在用户产品研发中，非常依赖于对用户使用数据的收集和分析，以此来决定后续产品研发和迭代的目标。在系统开发中，数据的收集和分析对于系统的迭代同样非常重要。如果没有足够的数据收集信息，系统等于没有上线。

在 2.7.3 节介绍的 BFE 系统中，笔者团队曾经研发过一个“跨集群重试”的功能。对于这个功能的研发，团队曾投入了一些资源，但是最开始并没有在系统中收集相关数据，所以也无法判断这个功能上线所带来的收益。后来我们在系统中增加了相应的数据埋点，终于知道了这个功能每天能够挽救多少个本应失败的请求。

另外，对于很多系统来说，数据和功能同等重要。系统中的部分功能可以依靠线下测试来验证，但是系统中有些功能只能依靠线上真实的数据才能验证和优化，这就需要对上线的系统做好运营工作。

系统运营的能力并不是上线后才增加的。在设计和编码阶段，就要考虑系统的运营。在系统中，要提供足够的状态记录，系统也要提供对外接口，方便外部读取这些状态信息。

2.8.2 以 BFE 开源项目为例

关于系统的可监测性，大家可以参考本章 2.7.3 节“划分模块的方法”中提到的 BFE 开源项目。

在 BFE 中，对外暴露了上千个内部状态变量。这些状态可以被监控系统抓取，用于集群状态的展示，也用于错误的报警。

BFE 中包含一个专用的 Web Server（Web 服务器），用于向外展示内部的状态信息。这些状态变量按照类别和扩展模块的单位来组织。

图 2.10 展示了在 BFE 的/monitor/proxy_state 下的状态变量。由于这是一个测试服务，所以图中状态变量的值都为 0。

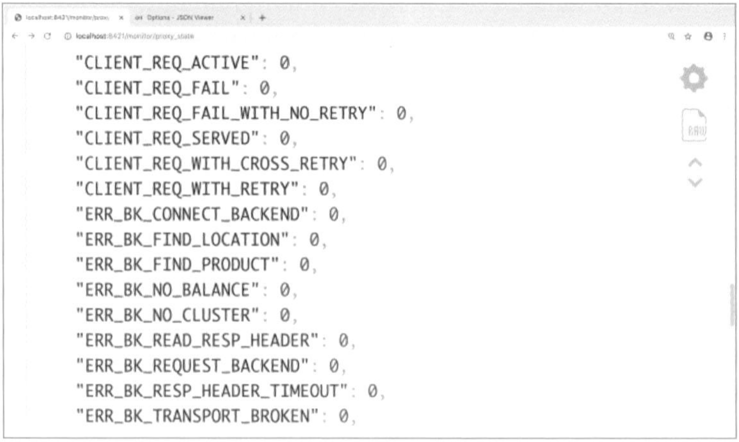

```
"CLIENT_REQ_ACTIVE": 0,
"CLIENT_REQ_FAIL": 0,
"CLIENT_REQ_FAIL_WITH_NO_RETRY": 0,
"CLIENT_REQ_SERVED": 0,
"CLIENT_REQ_WITH_CROSS_RETRY": 0,
"CLIENT_REQ_WITH_RETRY": 0,
"ERR_BK_CONNECT_BACKEND": 0,
"ERR_BK_FIND_LOCATION": 0,
"ERR_BK_FIND_PRODUCT": 0,
"ERR_BK_NO_BALANCE": 0,
"ERR_BK_NO_CLUSTER": 0,
"ERR_BK_READ_RESP_HEADER": 0,
"ERR_BK_REQUEST_BACKEND": 0,
"ERR_BK_RESP_HEADER_TIMEOUT": 0,
"ERR_BK_TRANSPORT_BROKEN": 0,
```


图 2.10　BFE 向外输出的状态变量

2.9 成为优秀软件工程师的三条路径

虽然前面讨论了很多编写代码的方法，但优秀的代码最终还是出自优秀的软件工程师。本节介绍如何成为一名优秀的软件工程师。

首先澄清几个误区，一名优秀的软件工程师和以下因素没有必然联系。

（1）写了多少年程序。

（2）写了多少行代码。

（3）曾经在哪里上学，曾经在哪里工作。

我将一名优秀软件工程师的修炼方法总结为以下三句话。

（1）学习—思考—实践。

（2）知识—方法—精神。

（3）基础乃治学之根本。

下面将对这三句话做详细解读。

2.9.1 路径一：学习—思考—实践

1. 学习

对于一名软件工程师来说，学习是非常重要的事情。

软件编写的历史已经超过半个世纪，有太多的经验可以被借鉴。非常遗憾的是，很多软件工程师虽然工作多年，但是却没有对前人和大师的经验进行过充分学习，在很多方面没有使用正确的方法。

在学习途径方面，我推荐大家优先阅读相关图书。很多软件工程师主要通过阅读博客或微信公众号上的文章来学习，其实很多内容质量远不如经典图书。另外，我还建议大家选择一些高质量的开源代码来研究，以提升自己在阅读代码方面的品位。

有些读者对于持续学习缺乏足够的动力。这里我想到苹果创始人乔布斯的一句话：

> **Stay hungry, stay foolish.**
>
> （求知若饥，虚心若愚。）

也就是说，只有自己感觉到“饥饿”和“愚笨”，才会去学习。

关于学习，希望读者养成“学习的习惯”，以及培养好“学习的能力”。我曾做过多次调研，发现很多人在一年内阅读的图书不超过两本，这远远少于大家在大学时的阅读量。在一个不断发展的社会里，如果 5～10 年不学习，一个人很快就会“过时”。

建立起不断学习的习惯很重要。我还发现有一些人不会学习，对于所阅读的内容抓不住重点，这就是"学习能力"比较薄弱，建议大家可以看看《如何阅读一本书》，书中深入地介绍了正确而高效的阅读方法。

2. 思考

古人说，学而不思则罔。

即使学习了一些知识和方法，也获得了一些实践的机会，但是如果不去思考，就不能形成自己的思想体系，这就相当于白学和白干。

一方面，在经过思考之前，所学到的知识或方法还只是外在的，如果不能在思考的基础上去深入理解，就很难灵活地在工作中使用；另一方面，现实情况经常和书本中的内容有一些差异，需要在工作中通过思考来判别差异，总结经验，形成符合实际情况的方法论。

3. 实践

在学习和思考的基础上，还要勇于实践。

有些读者在经过学习和思考后知道了什么是好的方法，但是在面对工作中的问题时，却仍不敢去实践。

在实践中，我们需要有"知行合一"的精神。以前，北京大学有位老师叫汤一介，关于“真、善、美”曾做过一个总结，我认为总结得特别好：

> 天人合一，谓之真；知行合一，谓之善；情景合一，谓之美。

从我的经验看，所有的进步都来源于失败的经历和遭遇过的挫折。没有哪个方法是经过一次学习就可以马上掌握的，所有成功的方法都需要在实践中不断体验和调整。一个人的学习速度，从某种意义上决定于他犯错的速度，在这方面成年人反而不如小孩子。小孩子学说话学得很快，就是因为这是一边犯错、一边纠正的过程，小孩子学走路也是一样。成年人怕犯错，所以往往不敢尝试，学习的速度也就慢了下来。

2.9.2 路径二：知识—方法—精神

1. 知识

对于认为“软件工程师只能工作到 35 岁”的人，其中一个论据就是软件工程师经常需要学习，担心年龄超过 35 岁之后就学不动了。

如果只是学习新知识，确实如此。在这个知识大爆炸的时代，知识是过时最快的。对于软件工程师来说，由于不断涌现出新的编程语言、新的系统、新的概念……，所以只学习知识的人，总是感觉世界变化太快。

如何解决这个问题呢？这需要我们不仅仅要学习知识，而且要学习方法。

2. 方法

如果我们从“方法”这个角度来看待世界的变化速度，就会发现其实变化速度并没有那么快。我在本书中介绍的内容，在很大程度上都不是新知识，而是在20多年前就在学校学过的，它们至今仍没有过时。有些方法，历经几千年都不会过时，比如《老子》中介绍的方法，虽然只有几千字，但却能给人留下深刻的印象。

相对于“知识”，“方法”这个词总是让很多人感到很“虚”。但是这个“虚”（的方法）可能比那个“实”（的知识）更有价值。最深刻的方法其实是不可言传的，正如《老子》中的一句话：

> 道可道，非常道。
>
> （如果“道”可以说出来，就不是永恒的“道”了。）

对于软件工程师来说，分析问题、解决问题的能力才是最重要的。其实，这就是“研究”的能力。

关于“研究”，20多年前加州理工学院的 Steven Low 老师曾在给我的一封邮件中给出过一个很好的定义：

> **To Identify the Fundamental Problem, and Solve it.**
>
> （去识别、定义那些最重要的问题，并解决。）

3. 精神

即使有了知识和方法，To be or not to be[1]永远都是一个问题。前进的路上往往不是鲜花和掌声，而是困难和荆棘。人类总是在神性和兽性间不断斗争，进步往往来自对理想的追求。

关于精神层面，这里送给大家三句话，供参考。

（1）独立精神，自由思想。这是清华大学的陈寅恪为纪念王国维所写的碑文中的一句。这块碑位于清华大礼堂附近的第一教学楼旁边。我一直认为这是清华大学“自强不息，厚德载物”之外的另一个重要校训。

（2）Don’t follow（不要跟随）。这是 20 年多年前 UCLA（University of California, Los Angeles，加州大学洛杉矶分校）的张丽霞老师送给我的一句话。当时我向张老师请教应该如何做研究，张老师的这句话令我印象深刻。

（3）对完美的不懈追求。“完美”永远是一个可望而不可及的目标。对于“完美”，我们需要不断去追求。

2.9.3 路径三：基础乃治学之根本

有些软件工程师在发展到一定阶段后，会感到继续提升很

注1. 这是莎士比亚的《哈姆雷特》中的一句名言，原意为“是生存还是毁灭”，我在这里借用为“是做还是不做”。

困难。对于一些规模稍大的项目，他们会感觉把握不住；对于一些方向，会感到无法持续深入。其实这些都是因为之前的基础没有打好。

于敏是 2014 年国家最高科技奖得主，中国氢弹元勋。于敏特别喜欢诸葛亮在《诫子书》中的格言，将其视为座右铭：

> 非宁静无以致远。

他也非常喜欢魏征谏唐太宗的两句话：

> 求木之长者，必固其根本；欲流之远者，必浚其泉源。

他深知基础乃治学之根本。

对于软件工程师来说，需要具备的基础能力如下。

（1）计算机学科的基础知识和方法，包括：数据结构、算法、操作系统、系统结构、计算机网络等。

（2）软件研发的相关知识和方法，包括：基础的软件编写方法、软件工程方法、编程思想等。

（3）基本思考能力和沟通能力，包括：逻辑思维能力、归纳总结能力和表达能力等。

（4）研究能力，主要是分析问题和解决问题的能力。

对于一名软件工程师，以上这些基础的建立至少需要 5～8 年之功。

通过本章的学习，希望大家对“软件工程师”这个职业建立起正确的认识。软件工程师不等于“码农”，软件工程师不能只知道怎么编写代码，还需要具备非常综合的能力。

（1）代码可以是艺术作品，也可以是“垃圾”，关键在于编写代码的人。希望大家都能朝着艺术家的方向努力，努力把自己的代码变为艺术品。

（2）不要忘记我们为什么出发。我们的目标是改变世界/格物致知，而不是学习编程或者炫耀技术。最开始我认为，写代码的目标是“改变世界”，但是后来我改变了想法，将目标转变为“格物致知”。其实，我们工作和生活的更主要的目的是增加对这个世界的理解和认识。如果写了多年代码，但仍然对写代码的“道”没有了解，那么时间和生命就浪费了。

（3）好代码的来源不是写好代码。好代码是一系列工作的结果，包括需求分析、系统设计、编码、测试、上线和运营等。

（4）代码是写给别人看的，而不是能正确运行就可以了。对一名软件工程师来说，写出别人看不懂的代码则是失败的。

（5）写好代码是有道的。通过系统而持续的学习、思考，以及实践正确的方法，我们自己也可以打造出精品。一名优秀的软件工程师的养成至少需要 8～10 年的积累，大家需要摒弃浮躁的心态。

第3章

代码评审

代码评审，英文名称叫作 Code Review，是指通过阅读代码来检查源代码与编码标准的符合度，以及代码质量的活动（定义来自百度百科）。

在我看来，在软件工程师的编码环节，除编写代码之外，“代码评审”和“单元测试”是两个最重要的工作。本章介绍如何做好代码评审。

3.1 代码评审的常见误区

很多软件工程师对“写代码”很重视，但是却对评审别人的代码很不重视。

很多公司在代码评审方面缺乏专门的工具，评审意见主要靠口头交流，更没有留下书面的行间评论，公司内部也无法对代码评审后的修改情况进行跟踪。

在有些公司，虽然有很好的代码评审工具，但是软件工程师却没有很好地利用这些工具。很多人的评审通过率很高，他们评审了 100 份，而这 100 份几乎都直接通过；很多人在代码评审时发表的评论很少，似乎这些被评审的代码都已经做得很好了。在这些情况下，代码评审几乎成了一种摆设，很多代码评审工作都是“无效”的。

还有一些人对代码评审有一些人情方面的顾虑。“我把别人的代码打回，是不是影响我们之间的关系？”类似这样的观点我时常听到。代码评审原本是一名软件工程师的经常性工作，现在在一定程度上已经扭曲为一种“社交”行为，需要考虑人情世故？！

也有一些软件工程师及团队的管理者认为，代码评审是浪费时间。研发时间已经很紧张了，为什么还要花费宝贵的时间来做代码评审？

3.2 为什么要做好代码评审

只有理解了代码评审的意义，才会在工作中自觉认真地做好代码评审。下面首先说明在软件开发中代码评审的重要意义。

3.2.1 代码评审的重要意义

代码评审的重要意义表现在两个方面。

（1）代码评审有助于提升代码质量。

（2）代码评审有助于知识的传递。

在 2017 年的一份关于代码评审的调研报告[1]中，代码评审被认为是提升代码质量最重要的方法，如图 3.1 所示。

在同一份调研报告中，也指出了代码评审在知识共享方面的重要作用。

在另一篇名为“开发者希望老板理解代码评审的 10 件事”[2]的文章中，作者提到了以下类似观点。

注1. The State of Code Review 2017，来自 SmartBear 官网。

注2. 10 Things Developers Wished Their Bosses Understood About Code Review，来自 SmartBear 官网。

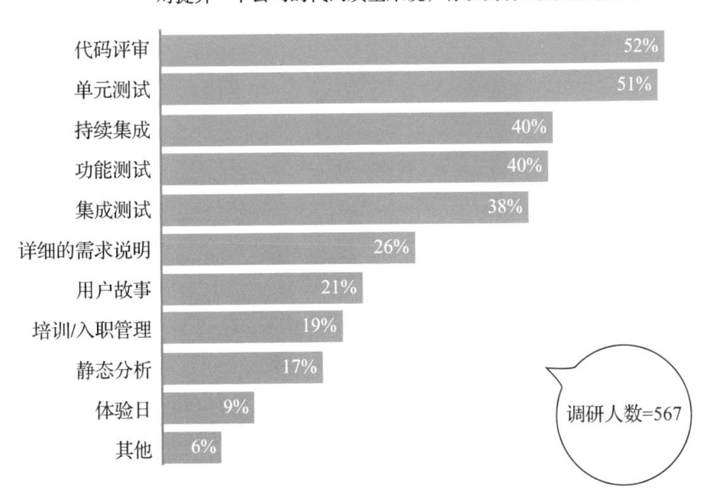

图 3.1 提升代码质量的重要性排序

（1）代码评审的目的是改进代码质量。代码可以运行，但并不一定意味着它是正确的。在软件开发中越早发现问题，修复的成本就越低。

（2）高质量的代码能够节省成本。虽然当前代码评审会花费时间，但是从长期来看这是值得的。

（3）仅从知识传递这一点考虑，代码评审也值得做。每个人不应该仅仅知道代码是怎么修改的，更应该知道设计决策背后的原因。代码评审给了开发者一个解释他们设计的机会。在代码评审中，开发者之间可以互相学习。

（4）在辅导他人编码方面，代码评审是最好的方法。没有比代码评审这种更好的方法用于辅导他人编码了。

（5）代码评审使团队对顶级开发者更有吸引力。一名有经验的软件工程师在一支没有代码评审习惯的团队工作是非常恐怖的。某些顶级开发者会拒绝在没有代码评审的团队工作。

3.2.2 没有做好代码评审的后果

在现实工作中，我们发现没有做好代码评审的团队经常有以下状况发生。

（1）代码质量差。团队内人员水平大多层次不齐，这种情况并不能保证所有人都可以独立写出高质量的代码。而没有经过严格评审的代码，往往存在很多问题。

（2）团队内代码接手困难。没有经过评审的代码，其细节逻辑往往只有编写者自己清楚。在需要其他人员补位的情况下，团队往往发现代码接手困难。

（3）新人得不到有效辅导，提高速度缓慢。在没有实施良好代码评审制度的团队，新人无法得到细节上的指导，在出现问题后也无法及时改正。

3.2.3 为什么要提升代码质量

前文提到，代码评审是提升代码质量的非常重要的方法。但是我们常常发现，很多人对“保证代码质量”这个目标也存在质疑。很多人认为代码只要能够运行就可以了；有不少人认为“在代码质量和交付时间之间是可以权衡的”，在交付时间紧张的情况下可以牺牲代码质量。

在《软件开发的 201 个原则》一书中，作者将“质量第一”列为第一个原则。作者明确表示：

> 无论如何定义质量，客户都不会容忍低质量的产品。
>
> 质量必须被放在首位，没有可商量的余地。

如果仔细审视，我们会发现在研发过程中，由于代码质量低，导致了很多问题的出现。

（1）在团队内缺少可以复用的代码，每次都需要重新编写几乎所有的代码逻辑。

（2）很多时间花费在定位 Bug 和修复 Bug 上。

（3）代码可读性差，阅读代码逻辑需要花费大量的时间，且难以准确理解。

（4）代码难以维护，在不久后就只好推倒重来，这会带来巨大的资源投入和研发风险。

总之，在研发过程中降低对代码质量的要求是一种“短视”行为，从整个软件生命周期来看，保证代码的高质量才是更加经济和高效的方法。

3.2.4 为什么要提升编码能力

代码评审是辅导他人编码的最好方法。为什么要提升编码能力呢？

编码能力对软件工程师保持职业竞争力具有非常关键的作用。在现实中，我确实看到很多已经工作多年的软件工程师在编码方面仍然处于“业余水平”。写出来的代码，既不符合基本的编码规范，也缺乏设计思想。这样的人很容易在 35 岁左右出现职业危机。

编码能力对团队保持竞争力也具有非常关键的作用。对于团队来说，编码能力没有提升意味着团队没有成长。一支不能持续进步的团队，是无法在竞争中取胜的。

总结一下，代码评审是提升代码质量的最好方法，代码评审有利于在团队内传递知识，代码评审是辅导他人编码的最好方法。所以我们在日常研发工作中要重视代码评审，做好代码评审。

3.3 如何做好代码评审

在理解了代码评审的重要作用后，本节说明如何才能做好代码评审。

3.3.1 代码评审的常见问题

在代码评审中，我们可能会发现代码中存在如下一些问题。

（1）各种拼写错误。

（2）未优化的代码实现。

（3）不必要的复杂代码。

（4）重复实现已经存在的代码逻辑。

（5）缺少必要的注释。

（6）缺少必要的单元测试。

……

3.3.2 代码评审的正确态度

代码评审中的行为来自我们对代码评审的态度。在很多情况下，代码评审的结果不仅仅决定于评审人的能力，也来源于评审人对代码评审的认知。下面说说评审人对代码评审应该持有的态度。

第一，评审人对被评审的代码逻辑应做到“完全看懂”。最好的情况是，评审人对所评审代码的掌握情况就像自己写的代码一样。很多评审人在完成代码评审后，对代码逻辑和背后原因的认识仍然是比较模糊的，这样的情况是无法实现代码评审的真正目的的。

第二，评审人对什么是好的代码应该有正确的认识。好的代码，绝不仅仅是“可以运行通过”，还需要综合考虑其正确性、可维护性、可重用性和可运维性等标准（详见第 2 章 2.3.1 节“好代码的特性”）。

第三，评审人对代码的质量应具有一丝不苟的态度。有些人在评审中发现问题后，抱着“可有可无”的态度轻易放过了这些问题。软件是一种“非常容易腐烂”的物质，在放纵的态度下，即使代码库原本有很好的基础也会很快失控。在代码评审中，应秉持“差一个空格也不行”的态度，对代码中的问题进行充分修正。

第四，要将代码评审放在和编写代码同等重要的位置。不少人（包括很多管理者）认为，代码评审是一项“额外”工作，和编写代码相比没有工作产出量。在这种认识下，他们不愿意在代码评审上投入资源，在制订工作计划时也不将代码评审纳入计划，这些做法是非常错误的。代码评审和编写代码一样也有产出，即更高质量的代码。代码评审所需要的能力和付出的精力并不比编写代码少，需要评审人对代码逻辑有深刻的理解才能发现其中的问题。

第五，在代码评审中要以“提升代码质量”为最终目标，代码编写者和代码评审人要共同努力。因此，代码评审不是单方的事情，而是需要双方的紧密沟通和配合。

总之，无论是管理者还是从事代码评审的工程师，都应该对代码评审给予足够的重视。在代码评审中要留出足够时间，要理解一个现实情况：代码评审花费的时间经常和编写代码一样多，甚至有时比编写代码的时间还要多。代码评审人也要对代码质量承担起责任，如果代码出现 Bug，评审人也要承担相当大的责任。

3.3.3　代码评审的推荐步骤

在拿到一份有一定体量的待评审代码后，你作为评审人可能会有些为难：这么多代码，该如何看呢？如果方法不对，可能代码的评审只是“蜻蜓点水”，导致评审人无法充分发现代码中存在的问题。

在代码评审中，我推荐的方法是：自顶向下，对代码进行全面“扫描”。

第一步：看清代码全貌。要搞清楚代码中模块划分的逻辑，明确模块间的关系（可参考 2.7.3 节和 2.7.4 节）。

第二步：查看模块。要看清各模块内部的逻辑，搞清楚模块内的关键数据、关键的类和函数。

注意，对于类和函数，在这一步只需要看清楚功能和接口定义（可参考 2.6.5 节和 2.7.4 节）就可以了，其目的是对各模块的全貌有一个基本印象。

第三步：查看类和函数内部的逻辑。在这一步要关注逻辑的正确性、实现的合理性、段落划分的合理性（可参考 2.7.5 节）、命名的合理性（可参考 2.7.6 节）等。

以上方法不仅用于代码评审，我们在阅读和学习一份代码时也可以使用。使用“自顶向下”的方法，可以系统、全面、深入地搞清楚一份代码的实现机制。

3.3.4 对坏代码的简单判断

在代码评审中，需要辨识出“坏代码”。很多读者会问：“关于好代码的规则有这么多，我也记不住，这怎么办呢？”

非常有意思的是，虽然关于“什么是好代码”有很多的规则，但在实践中，在发现问题的过程中往往并不是从这些规则出发的。我们常常是，首先根据“直觉”感知到代码有问题，然后才“理性”地找出代码有问题的具体原因。

下面给出一些关于“坏代码”的简单判断方法，大家可以在实践中尝试使用。

（1）花 5 分钟都不能看懂的代码。如果一段代码在 5 分钟内无法让我看懂，这个代码很可能写的有问题。

大部分代码都可以把逻辑抽象和梳理得足够清楚。“清晰简单”是问题理解是否清楚的重要判断标准。

（2）需要思考才能看懂的代码。2.7.5 节介绍了好的代码可以做到“Don’t make me think”。需要很多思考才能看懂的代码，很可能在逻辑方面还有可以优化之处。

（3）需要来回翻屏才能看懂的代码。超长的函数是代码出现问题的重要原因（见 2.7.4 节中的相关说明）。好的代码，往往在一屏内就是一个完整的逻辑。在代码评审中，要尽早对这样超长的函数进行处理。

（4）没有空行/注释的代码。在函数内不会分段，在程序中不通过注释来提高可读性，这些都是影响代码可读性的严重问题。

3.3.5　代码评审的注意事项

要保证代码评审顺利落地，团队就需要在制度安排、沟通机制、工作节奏等方面多加注意。

1. 建立 Owner（责任人）制度

在很多团队中，代码评审的质量无法得到保证是由于“责任不明确”。如果没有明确的 Owner，没有人会对最终结果负责，也就不会竭尽全力保证代码的质量。

对于需要保证高质量的关键代码库，建议建立 Owner 制度，由一个技术过硬的工程师作为 Owner。所有提交的代码，必须由 Owner 做最终确认，这样 Owner 可以掌握代码库的全局，并便于对代码评审中出现的问题进行处理。

2. 综合多种沟通机制

在代码评审中，应尽可能使用正规的评审工具，给出代码的行间批注。代码评审工具有助于对评审中发现的问题持续跟进，也有利于后续对研发过程进行回顾。

在必要时，评审的双方可以进行面对面沟通。在代码评审前，代码编写人可对程序的背景、设计的关键点给出说明，便于评审人进行快速和准确地理解，也可以将和程序配套的需求分析和系统设计文档提供给评审人；评审人给出针对代码的评审批注后，也可以和代码编写人就代码中发现的问题进行面对面沟通，帮助代码编写人尽快理解批注的含义。

这里也想指出代码评审中经常出现的一种错误方式。有些项目组会“直接”组织大规模的面对面评审会，由代码编写人展示代码，由其他人当场发现和指出代码中的问题。由于每个人阅读和理解代码的速度不同，很难保证评审人在会议期间能够完整和准确地理解代码，所以这样的评审会很难保证评审的质量。另外，在这样的评审会上，评审意见往往是口头给出的，既不能保证代码编写人能准确地接收评审意见，也无法保证评审人针对问题进行后续持续追踪。这样的评审会应该尽量避免。

总之，在代码评审中要合理地将评审工具、面对面沟通、项目文档等多种沟通方式相结合。

3. 控制节奏

在代码评审中，每次提交的代码不要太多，应尽量控制在几百行内。

一次提交的代码过多，会增加发现问题的难度。另外，也会延长代码评审通过的时间，从而增加了项目管理的风险。

代码评审中也可以使用敏捷研发中“小步快跑”的思路，将一个大的评审拆分为多个较小的评审。

对于评审人来说，每天评审代码的数量也不宜过多。代码评审是非常消耗精力的工作，需要评审人全神贯注地完成。和编写代码一样，评审人要尽量把评审代码工作放在自己精力比较旺盛的时间段，每次评审时间最多持续1～1.5小时，时间过长也很难保证评审的质量。

4. 为评审留出时间

在很多项目中，软件工程师在估算时间时只考虑了编写代码的时间，而没有为代码评审留出时间。

评审代码和编写代码的时间花费比例可能会达到1:1，没有足够的时间和资源投入，无法保证代码评审的质量，也就无法保证代码的质量。

优化的方法非常简单：在项目估算和排期的时候，把代码评审的时间考虑进去！

5. 不放过任何一行代码

有些评审人在代码评审中只看大问题，而对于一些小问题就放过了。这样的小问题积累多了，也会降低代码的质量；对于代码编写人来说，对小问题不尽早修改，也将导致其编码水平的停滞不前。

评审人对提交的每一行代码，都要认真评审。对于在评审中发现的问题，要一追到底，在问题没有完全改正前，不能让代码通过。

3.4 如何成为好的代码评审人

要成为好的代码评审人，最重要的是需要提升对“代码评审”这件事的正确认识。

好的 QA（Quality Assurance，测试和质量保证人员）不仅仅会发现系统中存在的 Bug，还会质疑/提出产品需求，挑战/优化系统架构和实现方式。

好的代码评审人，不仅是指出代码表面的问题，还会查看系统需求分析的质量、接口/函数定义的合理性、模块划分的合理性和系统关键机制的合理性。

好的代码评审人，会从一个独立的视角把系统的需求、设计、实现都综合思考一遍，他对系统的理解不会低于代码编写人。

要成为好的代码评审人，也需要提升自己写代码的水平。一名业余音乐爱好者，很难听出专业演出的瑕疵。同样，要成为好的代码评审人，也需要在代码编写和软件研发方面具备专业的素质。这方面在第 2 章“代码的艺术”中已经有很多相关介绍，这里不再赘述。

第 4 章

“代码的艺术”应用

Mini-spider 是一个经典的编程练习题目，可用于对编写者编程能力的考查。Mini-spider 的程序虽短（使用 Python 语言或 Go 语言编写，代码只有几百行），但已经是一个相对完整的后台程序，包括了配置加载、内存数据表管理、磁盘 I/O 操作、多线程编程等方面的功能。如果练习者对这个程序有了非常好的理解和实现，那么未来实现几万行的代码也是没有问题的。

从 2013 年起，笔者对超过 100 份 Mini-spider 编码进行过评审，也多次在现场和观众交流过 Mini-spider 中模块切分的方法。这个编程题目虽然不复杂，但是能够首次完全独立并正确完成的人不超过 10%。

本章尝试对 Mini-spider 的实现机制做一个详细的解读，其中会使用第 2 章“代码的艺术”中所讲述的方法，让读者更直观地看到这些方法是如何用于具体的工作的。

4.1 需求的分析

软件的开发从需求分析开始。本节首先给出 Mini-spider 这个编程题目的说明，然后说明如何分析程序的功能需求。

4.1.1 题目说明

Mini-spider 的程序要求如下。

（1）使用 Python 语言，开发一个迷你定向抓取器。

（2）实现对种子链接以及抓取网页中所包含链接的抓取。

（3）如果链接符合特定的模式，则把抓取的网页保存到磁盘中。

（4）输入。

a. 种子文件：一些初始的网站 URL 地址。

b. 配置文件：包含最大线程数、最大抓取深度等信息。

（5）要求。

a. 网页存储时每个网页单独存为一个文件，以 URL 为文件名。

b. 要求支持多线程并行抓取。

上面的要求虽然限定使用 Python 语言，但从编程思路的角度讲，是和语言无关的。下面所讲的方法，也可以用于其他编程语言，如 Go 语言、Java 语言、C++语言等。

4.1.2 功能分析

在考虑程序如何实现之前，首先需要对程序的功能进行分析。

从题目的定义中可以得到 Mini-spider 程序的主要功能包括以下几部分。

（1）读取配置文件。包括:

a. 读取程序的主配置文件（其中包括最大线程数、最大抓取深度等信息）。

b. 读取种子文件。

（2）处理网页。包括:

a. 根据指定的 URL 抓取网页。

b. 解析网页，从中获取包含的链接（这些链接将成为进一步抓取的目标）。

c. 将符合条件的网页保存到磁盘中。

（3）其他功能。包括：

a. URL 的去重。对于已经抓取的链接，不要重复抓取，否则既浪费资源，也可能导致任务执行的死循环。

b. 多线程并发执行。为了充分利用 CPU 资源，Mini-spider 要支持同时抓取和处理多个网页。

4.2 软件的架构

上一节分析了程序的功能，本节需要确定软件的架构。从功能分析到软件架构，并不能直接完成，需要由软件工程师做一次“翻译”。

关于软件的架构，我们要考虑如下两个方面。

（1）如何切分模块：这个程序要包含哪些模块，这些模块之间是什么关系。

（2）如何设计系统的架构：系统包括哪些组成部分，这些部分之间如何互动。

4.2.1 模块切分

1. 几个例子

在讲述模块如何切分之前，我们先看几个 Mini-spider 模块切分的例子。这些例子都是真实的。

（1）例子1：

```
mini_spider.py              主程序
download_image.py           下载文件
load_configfile.py          加载配置
```

（2）例子2：

```
mini_spider.py              主程序
crawler.py                  爬虫
parse_url.py                网页解析
runner.py                   任务调度
```

（3）例子3：

```
mini_spider.py              主程序
crawl_strategy.py           去重逻辑
spider.py                   爬虫
```

（4）例子4：

```
mini_spider.py              主程序
config_load.py              加载配置
crawl_thread.py             爬虫
webpage_parse.py            网页解析
webpage_save.py             网页存储
```

（5）例子5：

```
mini_spider.py              主程序
```

由于篇幅所限，这里仅列出五个例子。这些例子在切分模块的方案上都有一些差异，体现出了“多样的风格”，那么是不是无论模块怎么切分都是可以的呢？

2. 模块切分方法回顾

模块切分是程序设计中的一个关键问题。在程序设计中，应遵循模块、算法、细节逻辑这个顺序。

在 2.7.2 节和 2.7.3 节中，关于模块切分给出了以下方法。

（1）遵守“单一目的”（Single Purpose）原则。

（2）区分“数据类的模块”和“过程类的模块”。

（3）以数据为中心，首先列出数据类的模块。

（4）切分模块不以程序规模来决定。

3. 建议方案

根据上面介绍的模块切分方法，Mini-spider 的模块切分方法如下。

数据类的模块方法如下。

（1）config_load.py：读取配置文件。

（2）seed_file.py：读取种子文件。

（3）url_table.py：维护用于去重的内存表。

（4）url_file.py：用于保存网页文件。

过程类的模块方法如下。

（1）html_get.py：根据指定的链接下载网页。

（2）html_parse.py：解析网页，获取链接。

（3）crawler.py：单个爬虫。

（4）mini_spider.py：主程序。

首先，列出的是“数据类的模块”，具体说明如下。

（1）config_load 和 seed_file 分别用于读取配置文件和种子文件。

（2）url_table 维护用于去重的内存表。注意，这里不是一个“执行去重”的过程类模块，而是一个“用于去重”的数据类模块。

（3）url_file 用于保存网页文件。

然后，列出的是“过程类的模块”，具体说明如下。

（1）html_get 根据指定的链接下载网页。

（2）html_parse 用于从网页中解析出包含的链接。

（3）crawler 是可以独立运行的单个爬虫。在 Mini-spider 中要同时运行多个这样的爬虫。

（4）mini_spider 是主程序。

4. 模块间的关系

在切分模块时，要明确模块之间的关系。在面向对象设计中，有三种典型的关系，可在模块设计中作为参考。

（1）是：is-a，继承关系。

（2）使用：use-a，调用关系。

（3）包含：has-a，包含关系。

在以上三种关系中，继承关系是最难设计和维护的。我们在学习面向对象的编程方法时，继承关系似乎是印象最深的能力。而在实践中，有继承关系的类之间形成了非常强的耦合关系，并不容易去维护。相比“继承关系”，“调用关系”和“包含关系”是更容易被维护的，在实践中应该优先使用。

在实践中，有些人会错误地用“继承关系”来代替“包含关系”。本来应该是“A 包含 B”，却写成了“A 是 B”。这不仅搞错了对象间的关系，还造成了代码维护上的困难。

在 Mini-spider 中，模块间的关系如图 4.1 所示。

（1）mini_spider 调用 seed_file 来读取种子文件。

（2）mini_spider 调用 config_load 来加载配置文件。

（3）mini_spider 包含 url_table 和 crawler。

（4）mini_spider 包含或调用 url_file。具体的关系取决于

url_file 的实现方式。如果 url_file 实现为一个对象，则为“包含关系”；如果 url_file 实现为一个函数，则为“调用关系”。

（5）crawler 调用 html_get 下载网页，调用 html_parse 从网页中解析链接。

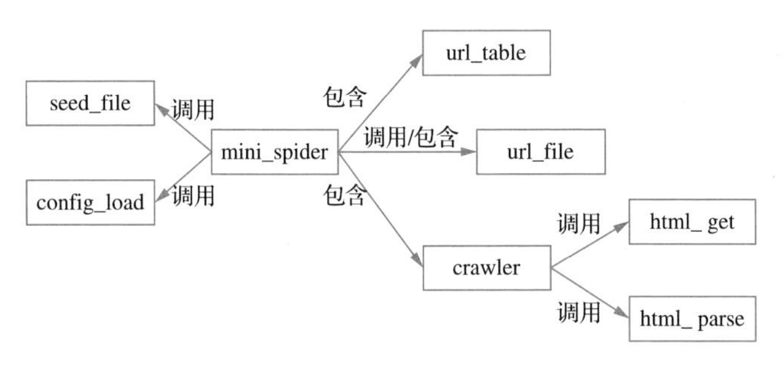

图 4.1 Mini-spider 中模块间的关系

4.2.2 系统架构

在 2.6.3 节中已经说明系统的架构定义了系统的结构、行为和更多的视图。下面结合 Mini-spider 看看如何描述系统架构。

Mini-spider 的系统架构如图 4.2 所示，首先需要描述的是系统的结构。

Mini-spider 包含以下组成部分。

（1）url_table：用于实现去重的数据表。

（2）url_file：用于保存网页文件的磁盘存储。

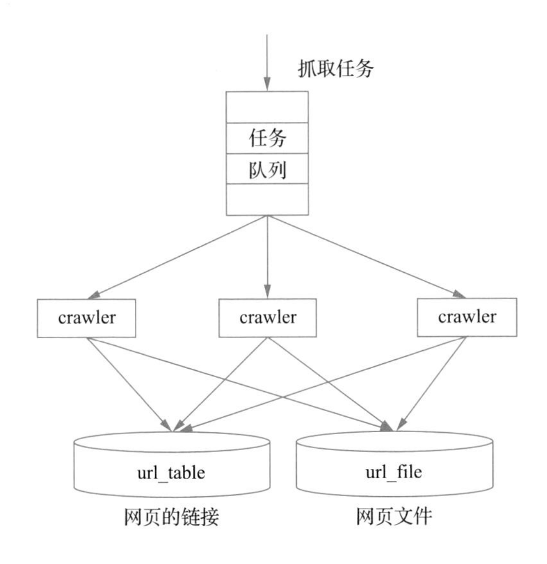

图 4.2 Mini-spider 的系统架构

（3）任务队列：用于向 crawler 分发抓取任务。

（4）crawler：执行抓取、解析网页任务的爬虫。

这里需要指出的是，系统的组件和软件的模块并不完全等同。seed_file 和 config_load 是软件的模块，但并不是系统的组件。

在描述系统的结构后，下面要描述系统的行为。对照 Mini-spider 的系统架构图，可以把系统的行为描述为以下几句话。

（1）crawler 从队列中读取任务。

（2）crawler 抓取、解析和存储网页。

（3）crawler 将去重后的网址放入队列。

从 Mini-spider 这个例子中大家可以看到，系统架构的设计和描述并不复杂，针对其他系统，也可以使用类似的方法来设计和描述系统架构。

4.2.3 软件组装

在明确了系统架构后，本节我们来看这个软件是如何“组装”起来的。

一些人会在 main()函数中定义队列、url_table、crawler 等变量，但是这样做会比较难以看清系统的组成关系。

这里推荐的做法是：将 Mini-spider 定义为一个类，而将队列、url_table、crawler 等作为其成员变量。这样构建软件就好像搭积木一样，组件与总体之间的关系就变得非常清楚。具体如下：

```
class MiniSpider(object):
    def __init__(self, config, seeds):
        # config
        self.config = config

        # url table
        self.url_table = url_table.UrlTable()

        # input queue
        self.input_queue = Queue.Queue()

        # add seeds to input queue
        for seed in seeds:
```

```
        # add to input queue with depth=1
        self.input_queue.put((seed, 1))

    # crawl threads
    self.crawlers = []
    for thread_id in range(0, config['thread_count']):
        crawler = crawler.Crawler(
                    self.input_queue, self.url_table,
                    self.config)
        self.crawlers.append(crawler)
```

在程序启动时，将配置信息和种子信息作为参数传给 MiniSpider。具体如下：

```
# load config
config = config_load.load(cfg_path)
if config is None:
    logging.error("start():err in config_load()")
    return 'ERROR'

# load seeds
seeds = seed_file.load(config['seed_file'])
if seeds is None:
    logging.error("start():err in
                    seed_file_load()")
    return 'ERROR'

# initialize spider
spider = MiniSpider(config, seeds)
```

4.2.4 crawler 间的数据共用

系统架构图中所显示的任务队列和 url_table 是多个 crawler 都要访问的。

它们在 MiniSpider 类中定义，然后通过 crawler 构造函数的接口传递给 crawler。具体如下：

```
class MiniSpider(object):
    def __init__(self, config, seeds):
        # config
        self.config = config

        # url table
        self.url_table = url_table.UrlTable()

        # input queue
        self.input_queue = Queue.Queue()

        # crawl threads
        self.crawlers = []
        for thread_id in range(0, config['thread_count']):
            crawler = crawler.Crawler(
                        self.input_queue, self.url_table,
                        self.config)
            self.crawlers.append(crawler)

class Crawler(threading.Thread):
    def __init__(self, input_queue, url_table, conf, **kwds):
        ...
        self.crawl_interval = conf['crawl_interval']
        self.max_depth = conf['max_depth']
        self.output_directory = conf['output_directory']
        self.download_pattern = conf['download_pattern']
```

```
        self.input_queue = input_queue
        self.url_table = url_table
```

4.2.5 数据封装

数据封装是软件设计中的关键思想。很多人都认为，自己学会了“面向对象”，也懂得如何做“数据封装”。但在实践中，很多人是用着“面向对象”的语言写着“面向过程”的程序，这样的情况经常发生。有太多的人，骨子里仍然“刻”着“面向过程”的思路。

下面这段代码中所使用的数据表（包括用于保护数据表的锁）就没有进行单独封装，而是散落在过程类的模块中。类似这样没有做好数据封装的代码将非常难以维护，一定要按照前文所介绍的方法切割为独立的数据类模块。

```
class MiniSpider(object):
    """
    mini spider 主要调度程序
    """
    def __init__(self, config_file='spider.conf'):
        ...
        # 已经处理过的网址
        self.checked_urls_set = set()
        # 出错的网址
        self.error_urls_set = set()
        # 线程锁
        self.lock = threading.Lock()

    def process_response(self, url, flag,
                         extract_url_list=None):
```

```
        if self.lock.acquire():
        # 处理的逻辑
        self.lock.release()
        return True
```

4.2.6 crawler 的执行逻辑

在 Mini-spider 中，crawler 中包含着最复杂的执行逻辑。我看到在现实工作中，很多代码编写人把 crawler 写得很复杂，这造成了代码维护上的困难。

其实，如果对 crawler 的执行步骤进行清晰分析，并且把相关执行动作都写为子函数（而不是直接展开）的话，这个最复杂的逻辑也是可以写得非常简单的。

下面给出 crawler 主逻辑的一个示例，其中包含 6 个主要步骤，并且可以在不到 30 行内完成。这满足了 2.7.4 节中介绍的将函数的规模控制在一屏内的标准。

绝大多数代码通过逻辑的梳理和提取子函数，都可以控制函数的规模，从而极大降低代码中发生错误的可能性，提高代码的可读性和可维护性。具体如下：

```
def run(self):
    while self.active:
        # get url and depth from input_queue
        url, depth = self.input_queue.get()

        # read data from given url
        data = webpage_get(url)
        if data is None:
```

```
            self.input_queue.task_done()
            continue

        # save data to file
        url_file.save(self.output_directory, url, data)

        # check depth
        if depth < self.max_depth:
            # get new_urls from data
            new_urls = html_parse.url_extract(data)

            # add new url to input queue
            for new_url in new_urls:
                if self.url_table.add(new_url) == 'OK':
                    self.input_queue.put((new_url, depth + 1))

        # task done
        self.input_queue.task_done()
```

当前的实现方案在一定的特殊情况下可能会出现“漏抓”。例如，某个网页可能同时存在于第三层和第四层。假设最大抓取深度为 4，而位于第四层的这个网页被首先抓取（在多线程处理场景下，无法保证严格的“广度优先”），则这个网页中包含的链接就不会被进一步解析和抓取了。[1]要解决以上问题，需要引入更加复杂的逻辑。这已经超出了这个测试题目的初衷，有兴趣的读者可以尝试解决。

4.3 多线程机制

“多线程”是后台程序开发中经常使用的机制。本节结合 Mini-spider 这个程序来介绍多线程开发的方法。

注1. 感谢微软亚洲研究院的熊勇强博士指出这个问题。

4.3.1 数据互斥访问

在 Mini-spider 中，要使用一个内存表（在 4.2.1 节中命名为 url_table）来实现链接是否重复的判断。这张表有多个 crawler 要同时访问，所以涉及互斥访问的设计。

在多线程中，互斥访问的机制非常简单，就是使用“锁”的机制。但是有的人使用锁的方式是错误的，把锁的定义和调用放置在“过程类的模块”中，这样的用法很容易造成锁调用逻辑的混乱。

这里强调一下，锁的定义和调用一定要放在“数据类的模块”内，锁一定要和其所保护的数据放在一起。

如下面这个例子，在 UrlTable 中定义了存放数据的成员变量 self.table，同时也定义了用于保护数据的锁 self.lock。在 UrlTable 的接口 add()和 is_in_table()中，都分别调用了“获得锁”和“释放锁”的方法。

```
class UrlTable(object):
    def __init__(self):
        self.lock = threading.Lock()
        self.table = {}

    def add(self, url):
        self.lock.acquire()
        self.table[url] = True
        self.lock.release()
```

```
    def is_in_table(self, url):
        self.lock.acquire()
        ret_val = url in self.table
        self.lock.release()
        return ret_val
```

Mini-spider 这个程序使用 add()和 is_in_table()这两个接口来做去重的判断仍是不够的。如果两个 crawler 都采用下面的逻辑，则可能出现多个 crawler 都发现 url 不在表中，从而都通过检查的情况。

```
    if not self.url_table.is_in_table(url):
        self.url_table.add(url)
        self.input_queue.put((url, depth + 1))
```

这里应该采用“Test and Set”的方式，即在一次访问临界区时，同时完成检测和添加的操作。具体如下：

```
class UrlTable(object):
    def __init__(self):
        self.lock = threading.Lock()
        self.table = {}

    def add(self, url):
        "add url to table"
        ret_val = 'OK'
        self.lock.acquire()
        if url in self.table:
            ret_val = 'ERROR'
        else:
            self.table[url] = True
        self.lock.release()
        return ret_val
```

对应地，在 crawler 中判断的逻辑改为：

```
if self.url_table.add(url) == 'OK':
    self.input_queue.put((url, depth + 1))
```

其实，在操作系统中信号量的实现也依赖于“Test and Set”指令。在 Intel 8086 指令集中有 XCHG 指令，用于实现信号量的机制。

4.3.2 临界区注意事项

在上面的例子中，被锁保护起来的区域称为临界区，本节介绍在临界区中编程的注意事项。

在临界区中，尽量不要执行非常消耗时间（Time-Consuming）的操作。例如下面这个例子，在临界区中调用了一个非常耗时的函数 time_consuming_calc()，这种做法是非常不推荐的。

```
class Table(object):
    def __init__(self):
        self.lock = threading.Lock()
        self.table = {}

    def add(self, url, value):
        self.lock.acquire()
        self.table[url] = time_consuming_calc(value)
        self.lock.release()
```

更好的方式是把这个函数放在临界区之外执行。

```
class Table(object):
    def __init__(self):
        self.lock = threading.Lock()
        self.table = {}

    def add(self, url, value):
        value = time_consuming_calc(value)

        self.lock.acquire()
        self.table[url] = value
        self.lock.release()
```

在临界区中，也不要出现没有捕捉的异常。如果有这样的情况出现，可能会导致 lock.release()没有被调用，进而发生死锁。

下面就是一种错误的调用方式。

```
class Table(object):
    def __init__(self):
        self.lock = threading.Lock()
        self.table = {}

    def add(self, url):
        self.lock.acquire()
        self.table[url] = file_read(url)
        self.lock.release()
```

可以把它改写为下面的方式，其中增加了对异常的捕捉。

```
class Table(object):
    def __init__(self):
```

```
        self.lock = threading.Lock()
        self.table = {}

    def add(self, url):
        self.lock.acquire()
        try:
            value = file_read(url)
        except IOError:
            value = None

        if value is not None:
            self.table[url] = value
        self.lock.release()

        if value is None:
            return 'ERROR'
        else:
            return 'OK'
```

如果这个文件的读取操作不是必须互斥的，那么就应该把它放在临近区外执行。

```
class Table(object):
    def __init__(self):
        self.lock = threading.Lock()
        self.table = {}

    def add(self, url):
        try:
            value = file_read(url)
        except IOError:
```

```
            return 'ERROR'

        self.lock.acquire()
        self.table[url] = value
        self.lock.release()

        return 'OK'
```

4.3.3 任务的分发

在多线程程序中，使用队列来分发任务是一种常用的方式。在 Mini-spider 中，队列和 crawler 的关系如图 4.3 所示。

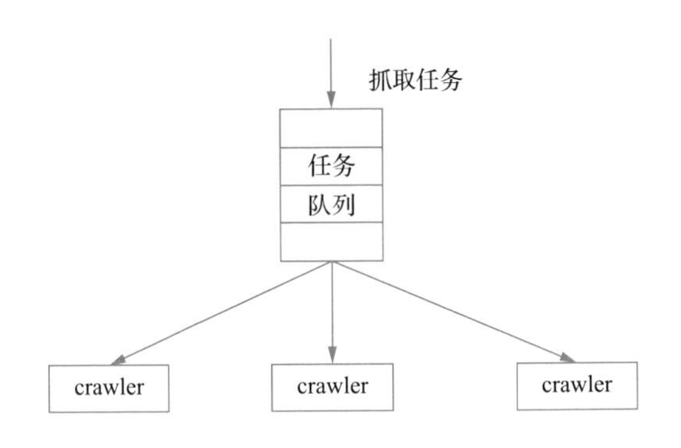

图 4.3 抓取任务的分发

每个 crawler 只需要持续地从队列中读取任务，并处理这些任务即可。

```
while self.active:
    # get url and depth from input_queue
    url, depth = self.input_queue.get()
```

在 Mini-spider 中，任务应该怎么定义呢？在评审中，我见过很多人用类来定义，如下面这样。

```
class Link(object):
    """链接对象
    包含链接地址以及该链接搜索深度
    """
    def __init__(self, url, depth):
        self.url = url
        self.depth = depth
```

也有更复杂的，如下面这样。

```
class UrlInfo(object):
    """
    url  :字符串
    depth:深度
    """
    def __init__(self, url, depth=0):
        self.url = url
        self.depth = depth
        if type(self.url) != str:
            self.url = bytes.decode(self.url)

    def get_url(self):
        return self.url

    def get_depth(self):
        return self.depth
```

其实，在 Python 语言中，使用一个 tuple（元组）就可以搞定，任务可以写为（url, depth）。

在《Python 之禅》(*Zen of Python*，可在 Python 官网中搜索查看）中，有很多简单而深刻的思想，其中有一条是 **Simple is better than complex**（简单比复杂好）。在程序实现中，要尽量选用简单而实用的方法，上面任务中对实现方法的选型就是对这个原则的很好说明。

4.3.4 程序的优雅退出

对 Mini-spider 程序来说，在达到预定的抓取深度，并且没有新的抓取任务后，程序要停止执行。

大家首先要了解，对于一个多线程程序，当主线程退出后，这个程序也就结束了，并不需要让每个子线程都独立退出执行。

我见过很多主线程退出的实现方式，不少机制都设计得比较复杂，不好理解和维护。这里推荐大家使用 Python 系统库 Queue 中提供的 task_done()和 join()机制。

每个 crawler 在每次处理完从队列中拿到的任务后，都调用队列的 task_done()，告知队列任务已完成处理。

```
class Crawler(threading.Thread):
    ...
    def run(self):
       while self.active:
            # get url and depth from input_queue
            url, depth = self.input_queue.get()

            # process the task
```

```
        ...

        # task done
        self.input_queue.task_done()
```

在 MiniSpider 的 start()函数中，调用队列的 join()接口来等待。当队列中还有任务没有完成处理时（即使此时队列长度为 0），start()函数会阻塞在 join()函数；而当队列中的所有任务都完成处理后，join()函数会执行通过。

```
class MiniSpider(object):
    def __init__(self, config, seeds):
        ...

    def start(self):
        # start crawlers
        for crawler in self.crawlers:
            crawler.start()

        self.input_queue.join()

def start():
    ...

    # initialize spider
    spider = MiniSpider(config, seeds)

    # start the spider
    spider.start()
```

上面的实现逻辑似乎已经可以满足要求了，但是如果仔细推敲，还会发现一些小问题。当在主程序中调用 spider.start()后，就会一直阻塞，直到所有任务完成处理。但是从 spider.start()的函数语义来看，并无法直观地看出这个函数调用有阻塞的情况。为了提高代码的可读性，可以在 MiniSpider 中独立定义 wait()函数，在主程序中调用 spider.wait()来等待任务处理的结束。

```
class MiniSpider(object):
    def __init__(self, config, seeds):
        ...

    def start(self):
        # start crawlers
        for crawler in self.crawlers:
            crawler.start()

    def wait(self):
        self.input_queue.join()

def start():
    ...

    # initialize spider
    spider = MiniSpider(config, seeds)

    # start the spider
    spider.start()

    # wait for finish
    spider.wait()
```

4.4 其他实现细节

除了软件的架构和多线程机制，这个程序还有一些其他细节问题需要考虑。

4.4.1 配置的读取

配置的读取看起来很简单，但是也有一些需要注意的地方。在下面的例子中，虽然对异常进行了捕捉，但是无论发生什么错误都只会打印相同的错误信息，这影响了错误定位的效率。

```
try:
    self.conf['url_list_file'] =
        conf_parser.get('spider', 'url_list_file')
    self.conf['output_directory'] =
        conf_parser.get('spider', 'output_directory')
    self.conf['max_depth'] =
        conf_parser.getint('spider', 'max_depth')
    self.conf['crawl_interval'] =
        conf_parser.getfloat('spider',
                             'crawl_interval')
    ...
except configparser.NoOptionError as e:
    public_util.print_error('file content error')
    return False
```

推荐对配置中的每个字段分别进行处理和检查。虽然编码麻烦一些，但是在出错后可以立刻确定错误的位置和原因。

```
# check output_directory
if not config.has_key('output_directory'):
   logging.error("config_load():no output_directory")
   return None

# check crawl_interval
if not config.has_key('crawl_interval'):
    logging.error("config_load():no crawl_interval")
    return None

try:
    config['crawl_interval'] =
        int(config['crawl_interval'])
except ValueError:
    logging.error('config_load():in int(crawl_interval), %s'
                  % config['crawl_interval'])
    return None
```

4.4.2　种子信息的读取

种子信息的读取似乎是一个非常简单的功能，但是在实践中也出现了一些错误的实现方式。

一种错误是把种子信息读取的逻辑和其他逻辑耦合在一起，如下所示。

```
class Spider(object):
    def __init__(self, feed_file, result_file, max_depth,
                 crawl_interval, crawl_timeout, thread_count):
        ...

        # 添加 seed (url)
```

```
        for seed in self._get_seeds():
            if not seed:
                continue
            # 设置深度
            self.url_depth[seed] = 0
            self.crawl_strategy.add_unvisited_url(seed)

    def _get_seeds(self):
        with open(self.feed_file, 'r') as f:
            for line in f.readlines():
                # 删除末尾的'\n'
                yield line.strip()
```

这里要再次强调，模块的切分和逻辑是否简单并没有关系。

还有一种错误是很多人对“面向对象”方法的偏爱。读取种子文件的功能本来用一个函数就可以实现，但是也有人非要定义一个类来实现，如下面这样。

```
class SeedFileLoad(object):
    def __init__(self, file_path='urls'):
        self.url_list_file = file_path

    def read_seed_file(self, url_set):
        if not os.path.isfile(self.url_list_file):
            public_util.print_error('no seedfile')
            return False

        with open(self.url_list_file, 'rb') as f:
            lines = f.readlines()

        for line in lines:
            if line.strip() == '':
                continue
```

```
        url_obj = url_info.UrlInfo(line.strip(), 0)
        url_set.put(url_obj)

    return True
```

可以对照一下基于函数的实现方式。

```
def load(file_name):
    "load seeds from file"
    # open the file
    try:
        f = open(file_name)
    except IOError:
        logging.error('seed_file:in open(%s)' % file_name)
        return None

    # read from file
    try:
        data = f.readlines()
    except IOError:
        logging.error('seed_file():in f.readlines(%s)'%
                      file_name)
        return None

    # close the file
    try:
        f.close()
    except IOError:
        logging.error('seed_file():in close(%s)' % file_name)

    return data
```

如 2.7.4 节中的介绍，相比于“类”，函数也有它的优势和适用的场景。在代码实现中我们应具体分析，选择合适的实现方式。

4.4.3 import 的使用

import 的使用方式是一个非常小的知识点，但是对于程序的可读性和可维护性来说也是非常重要的。

在 Python 语言中，要求使用下面的方式引用外部函数。在阅读代码时，通过“os.xxx”这个形式，可以很容易判断出 unlink()函数的出处。

```
import os
os.unlink(path)
```

下面两种形式是不推荐使用的。

（1）使用 from x import y 的方式。虽然综合 import 信息也可以判断出 unlink()的出处，但是这增加了阅读程序的难度。在很多时候，unlink()的调用和 import 的声明并不在同一屏内，通过来回翻阅程序来查证函数的出处并不是一个好方式。

```
from os import unlink
unlink(path)
```

（2）使用 from x import *的方式。这种引用方式应该被彻底禁止，如果使用这种方式，要求证 unlink()的出处就变得非常困难。

```
from os import *
unlink(path)
```

4.4.4　异常处理

异常是 Python 语言中是被广泛使用的，这里介绍异常的几个注意事项。

首先，要有这样的意识：对于所有的 I/O 操作，都有可能发生错误，都要捕捉异常。一个工业级程序和一个学生练习的程序的巨大差异是，要对工业级程序中的各种异常情况进行处理。

一个不考虑异常情况的软件工程师对文件读取的逻辑可能会写为下面这样。

```
def load(file_name):
    # open the file
    f = open(file_name)

    # read from file
    data = f.readlines()

    # close the file
    f.close()

    return data
```

如果考虑到各个函数调用中可能发生的异常，则需要在实现中增加对异常进行捕捉的逻辑，并在程序日志中输出错误信息。

下面这段程序也想同时说明，在捕捉异常时要尽量缩小捕捉的范围，以便精准地判断出错的情况。

```
def load(file_name):
    # open the file
    try:
        f = open(file_name)
    except IOError:
        logging.error('seed_file.load:in open(%s)' % file_name)
        return None

    # read from file
    try:
        data = f.readlines()
    except IOError:
        logging.error('seed_file():in f.readlines(%s)' % file_name)
        return None

    # close the file
    try:
        f.close()
    except IOError:
        logging.error('seed_file():in close(%s)'
                        % file_name)

    return data
```

在函数的错误返回和处理机制方面，已经有很多争论。有的人倾向于使用函数的返回值来层层传递错误；有的人倾向于直接抛出异常，在几层之外统一处理。

以上两种方式都是可行的。第一种方式比较传统，也更容易掌握。第二种方式比较现代，需要使用者对程序有更加全局的规划，要协调好程序捕捉异常的时机。例如，对于上面没有做任何错误判断的 load()函数，就需要在函数的外层执行异常捕捉的逻辑。

```
try:
    load(file_name)
except IOError:
    logging.error('in load(%s)' % file_name)
```

作为一个从 C 语言起步的软件工程师，我本人更倾向第一种方式（即函数的错误返回值）。从代码的可读性和可维护性角度来说，第一种方式是更容易掌控的。

4.4.5 构造函数的使用

在写“类”的实现时，一定会遇到对构造函数的使用。

我在实践中发现，不少人在构造函数中会调用可能出错的函数。如下面这个例子，在 MiniSpider 的构造函数中调用了 config_load()。config_load()可能会出现 I/O 的错误，也可能出现内容、格式等方面的错误，它是无法保证一定会成功执行的。

```
class MiniSpider(object):
    def __init__(self):
        # load config
        self.config = config_load()
```

在构造函数中调用可能出错的函数调用，最大的问题是根本没有机会做错误处理。在错误发生后，程序会继续执行。

正确的实现方式是将这类可能出错的函数调用放置在另外一个函数中（如下面的 start()），这个函数可以对操作的执行情况进行检查，并提供函数返回值供上层调用方检查。

```
class MiniSpider(object):
    def start(self):
        # load config
        try:
            self.config = config_load()
        except IOError:
            return 'ERROR'

        return 'OK'
```

4.4.6　正则表达式的使用

在 Mini-spider 中，要求判断链接是否符合特定的模式，如果符合则保存网页。这里涉及正则表达式的使用。

有些人会直接调用 re.match (pattern, string)。在操作被反复执行的场景下，这样的调用方式可能导致对正则表达式的反复编译，会出现性能方面的问题。

推荐大家使用下面的方式，将正则表达式的编译和匹配分为两个独立的步骤来执行。正则表达式的编译只需要执行一次。

```
# 只执行一次
prog = re.compile(pattern)

# 可能被调用多次
result = prog.match(string)
```

最近也有人提出，由于在 Python 系统库中做了一些优化，已经不需要采用两步执行的方法了（见图 4.4）。在首次执行 re.match()后，系统库会将编译后的结果进行缓存；在后面调用 re.match()时，系统库会使用缓存中已经编译出的结果。

Python正则表达式，请不要再用re.compile了！！！

图 4.4　知乎中关于正则表达式的相关文章标题

虽然系统库中有以上的优化机制，基于以下两个理由，我仍然建议大家将 compile 作为独立的步骤。

（1）在程序中，不要过于依赖底层隐含的机制。在《Python 之禅》一书中，有一个很重要的原则 **Explicit is better than implicit**（显式比隐式好）。

（2）通过使用独立的 compile，可以在配置加载或程序启动过程中发现正则表达式中的问题。而如果使用 re.match()，则在匹配阶段才能发现问题。

4.5 延伸思考

以上已经说明了 Mini-spider 程序的设计和实现要点，本节再尝试对这个程序增加一些功能需求，以拓展读者对相关设计方法的理解。

4.5.1 实现对各网站的限速

一个实际使用的crawler程序在很多时候需要对指定的网站限制单位时间内抓取的速率，以避免触发网站的封禁策略。

在前述程序的基础上，可以增加一个新的数据表（图 4.5 中的 host_table），用于记录单位时间内的访问次数。如果访问次数超过阈值，则对抓取任务重新排队或延迟一段时间后再放入任务队列。

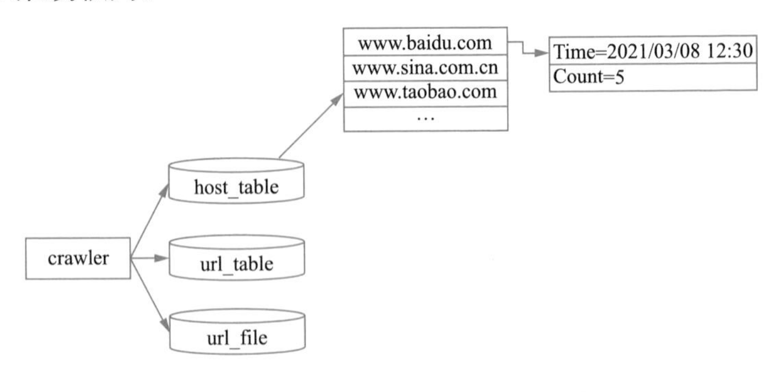

图 4.5 为限速功能增加新的数据表

我在这里希望表述的观点是：对于这样一个新增加的功能，首先要从“数据”出发，考虑所增加的“数据类的模块”。

4.5.2 从单机扩展到分布式

Mini-spider 虽然是一个单机程序，但是如果有良好的软件架构，也可以很容易扩展为分布式架构。

一般来说，在从单机程序变为分布式架构时，会经历以下变化。

（1）单机程序中的模块变为分布式系统。

（2）单机程序中的函数调用变为远程消息通信或 RPC（Remote Procedure Call，远程过程调用）。

结合 Mini-spider 的系统架构图，如图 4.6 所示，Mini-spider 在转变为分布式架构时，需要的改变包括：

（1）单机的任务队列改为使用分布式队列。

（2）单机的 url_table 模块改为使用分布式 KV 存储。

（3）单机的 url_file 模块改为使用分布式文件系统。

（4）crawler 从单机的线程变为在分布式任务平台上所运行的任务。

对 Mini-spider 程序的解读到这里就结束了。通过这个例子，希望大家能够更好地理解软件系统架构设计、数据封装、多线程机制等原理或方法。

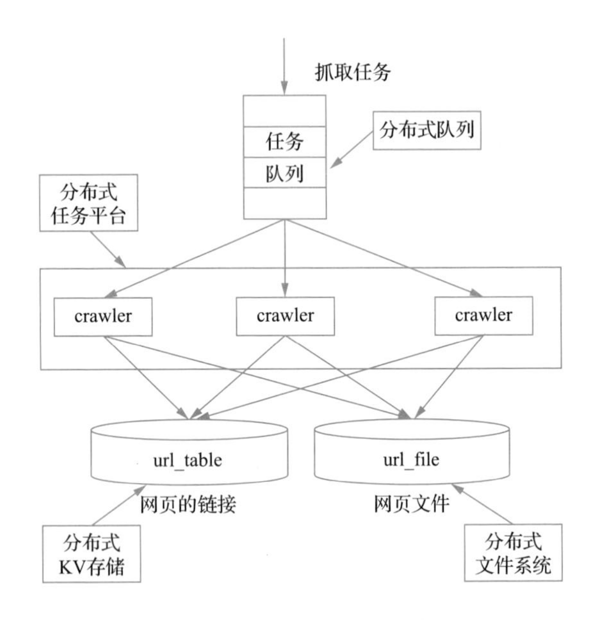

图 4.6　Mini-spider 转变为分布式架构

本书只给出了 Mini-spider 程序的一些片段。希望大家在有精力的情况下，动手编写完整的程序。只有通过亲身实践，才能更深刻地体会和掌握各种方法。

第5章

项目文档

项目文档本来是软件研发中的重要工具和产出物，但是在工业界，我观察到以下几种现象。

（1）有太多的软件工程师（包括很多资深的软件工程师）不会写项目文档。

（2）有太多的项目没有文档，或者没有完整的文档。

（3）即使有项目文档，很多文档并不符合要求，也没有起到项目文档预定的作用。

本章希望能够帮助从事软件研发的读者建立起对项目文档的正确认识，同时介绍一些关于文档编写、评审和存放的方法。

项目文档可以分为研发文档和用户文档。研发文档包括需求分析、系统设计、接口设计等；用户文档包括产品白皮书、产品使用说明、产品操作指南等。本章的内容主要针对研发文档。

5.1　正确认识项目文档

要写好项目文档，首先需要对项目文档建立正确的认识。

5.1.1　项目文档的重要作用

在软件项目中，项目文档主要起到两个作用。

（1）提高沟通的效率。在每个项目中，有超过 50%的时间是用于沟通的。从提高项目执行效率的角度出发，提高沟通效率是非常重要的。项目沟通方式包括口头沟通、发送 Email、使用即时通信（Instant Messaging，IM）、写项目文档、编写代码等，而写项目文档是项目沟通中非常重要的环节。

（2）提升对“思考过程”的管理。在项目中常常面临数不清的问题，这些问题往往错综复杂，缺乏明确的线索。整理和解决这些问题，需要通过高效的思考过程。项目文档是管理思考过程的好工具，可以帮助我们厘清问题，挑出重点，深入挖掘。

“设计”是软件研发中的重要环节。关于项目文档对软件设计的重要意义，在《软件开发的 201 个原则》中有一段非常精辟的论述。

原则 64 没有文档的设计不是设计

DESIGN WITHOUT DOCUMENTATION IS NOT DESIGN

我经常听到软件工程师说："我已经完成了设计，剩下的工作就是写文档了。"这种做法毫无道理。你能想象一个建筑设计师说："我已经完成了你新家的设计，剩下的工作就是把它画出来"，或者一个小说家说："我已经完成了这部小说，剩下的工作就是把它写下来。"

设计，是在纸或其他媒介上，对恰当的体系结构和算法的选择、抽象和记录。

——摘自《软件开发的 201 个原则》

对一名软件工程师来说，编写代码、写项目文档、做项目管理都是最基本的能力要求。代码编写能力是所有软件工程师都需要掌握的能力，写项目文档的能力是对高阶软件工程师的基本要求。不会写文档，就不会做设计，不会写文档的人更无法成为高阶软件工程师。

5.1.2 项目文档的常见误区

误区 1：写项目文档是在浪费时间，项目时间紧，没时间写。

对以上观点的反驳如下。

首先，项目文档也是项目的重要产出。在一个项目中，编码的时间应该少于 30%，在设计中也需要投入相当多的时间。

其次，写项目文档是整理思路的过程。在写项目文档的过程中，打字的速度远快于思考的速度。如果是纯打字，一般人至少可以达到每分钟 30～40 字，按照这样的速度计算，似乎一个长度为 5 页的设计文档只需要 1 小时就可以完成。但现实情况远非如此，花费数天时间编写一份项目文档，大量时间花费在了思考问题上，而思考问题的时间是无法节省的。

最后，没有项目文档，后期会花费更多的维护成本。有过一些项目经验的人都会有这样的切身体会：一个缺乏文档的项目或系统是非常难以维护的。

误区 2：没写需求和设计文档就可以开始写程序。

对以上观点的反驳如下。

修改设计文档比修改代码的成本小得多，没有写设计文档就直接写代码要付出更高的代价。这方面可以参考 2.4.2 节中的相关说明，这里不再赘述。

误区 3：这是个简单的项目/问题，不需要写文档。

对以上观点的反驳如下。

项目的延续时间和复杂性往往超出预期。很多原来看起来简单的项目，当逐步发展为复杂的项目后，后期再想“补”文档为时已晚。

早期的“偷懒”，往往会在后期付出代价。即使是再简单的问题，经过一段时间后记忆也会变得模糊，在缺乏文档的情况下，经常会导致这部分工作要从头再来。

5.1.3 项目文档的常见问题

如果没有做好项目文档的相关工作，可能会出现以下问题。

（1）没有接口设计文档，会导致多人协作出现问题。很多项目都缺乏正规的接口设计文档，由于接口设计文档的缺乏或不准确，经常会降低基于接口所做的开发的效率。

（2）项目文档没写好，多次反复讨论同样的问题。对于在项目进展过程中已经明确的结论和思路，如果没有及时通过文档做准确记录，那么经常会在后面被反复提起并重复讨论，从而浪费了过多精力。

（3）没有系统总体架构文档，了解系统的成本高。参与项目的每个人都只能通过阅读代码来了解系统的全貌，而且还不一定能够准确地理解。

（4）项目缺少文档，会导致新人无从入手，在人员变动时不便于交接。项目的信息只能依靠口口相传，而这种方式在信息的完整性和准确性方面都存在很大问题。

（5）项目缺少文档，会导致团队内的沟通效率低下。前面已经提到沟通效率对于研发团队的重要意义，在项目文档做得不好的团队中，项目的技术细节信息很难高效准确地传递给团队中的所有人，在大多数情况下，每个人只了解自己所负责的一小部分工作内容。

（6）缺少项目文档，会造成自己工作上的困难。很多人都有这样的经历：一个项目在做的时候想得很清楚，但是如果没有项目文档，在两个月后自己也记不太清很多细节了，只能痛苦地回忆自己之前的思路。

5.1.4　什么时候需要写项目文档

在了解了项目文档的重要性后，还要知道什么时候需要写项目文档。如果不区分必要性，任何文档都要去写，也会浪费大量的资源。

以下几类文档是必须要写的。

（1）需求分析文档。要写清用户/客户的需求来源，分析哪些需求是重点，并说明多个需求点之间的取舍过程。

（2）接口设计文档。要写明接口的功能描述、传入参数和返回值。

（3）关键性的算法设计文档。要写明算法设计的思路、算法中的关键点。

（4）系统总体架构文档。要从全局的角度说明系统的组成和行为，帮助阅读者快速了解系统的总体思路。

以上几类文档中的内容都是很难通过阅读代码来获得的。

在项目文档内容的选择上，可以遵循以下原则：凡是不那么“显而易见”的地方，最好都留下文档。反过来讲，如果认为某部分内容是“显而易见”的，就不需要再费力写下来了，直接看代码即可。在是否“显而易见”的判断方面，应站在阅读者的角度，要考虑当前项目成员的一般水平和知识背景。

另一个需要注意的点是，在项目文档中不仅要留下设计结果（What），还要留下思考过程（Why）。一个项目未来可能会被扩展，也可能会被重构，在项目文档中留下这些决策的依据，对后续工作会有巨大帮助。在很多项目中，可能会看到重构后的系统还不如原来的系统好，这常常是因为之前的系统缺乏设计文档，尤其是对思考过程的说明，导致后面的设计人员无法有效继承前一代系统研发中所获得的各种经验。对于一个好的研发项目来说，留下的不仅仅是一个可以运行的系统，还应该包含各种思考和探索的经验。

还有一个要注意的点是，项目文档不是写完代码后补出来的。文档既是设计过程中使用的工具，又是设计过程的结果。比如，需求分析文档是在需求分析的过程中写出来的，而不是需求分析完成后才记录的；接口设计文档是在接口设计过程中写下来的，而不是在完成接口编码后补写的。在设计过程中，这些文档都会经历从简单到复杂的过程，也都会经历多个版本的迭代。

5.1.5　项目文档是写给谁的

很多人在写文档的时候，并没有意识到这句话：文档是写给别人看的！

有些人写文档是为了满足“项目的要求”。很多团队对写文档确实有一些规定，于是为了满足规定，一些人按照预定的模板写了一些文档。这样写的问题在于，虽然文档在形式上符合要求，但是对阅读者来说内容是否友好就不好评判了。

有些人写文档是为了供自己“备忘”。文档中的描述在很多时候只有自己能看懂，而别人不太容易看懂。这样的作品，与其说是项目文档，不如说是自己的备忘录。

文档无论采用什么样的形式，都是为目的服务的。只有牢记“文档是写给别人看的”，才能写出清晰易懂、让别人更容易阅读的文档。

抛开其业务和技术方面的因素，可从以下几方面评价一份项目文档的质量。

（1）能否让阅读者在 5 分钟内看懂。好的文档通过准确的标题、清晰的段落，可以让阅读者快速掌握文档的主要思想。

（2）能否做到问题清楚、重点突出、逻辑清楚。大部分文档其实是在做分析问题、解决问题的工作。在文档中提出问题要准确，多个问题间要明确重点并厘清问题间的逻辑关系。

（3）能否做到言之有物。编写和阅读一份只有形式而没有内容的文档都是在浪费时间。很多人总是想找一些文档模板来套用，其实使用这样的模板是弊大于利的，这种方式会让人失去对问题本身的关注。文档的内容结构是通过分析得到的，而不是靠套用模板得到的。

（4）能否做到言简意赅。有些人为了使文档看起来很有分量，会在写文档时凑字数，这有些像小学生写作文。写技术类文档要做到不说废话，废话会分散阅读者的注意力，浪费阅读者的时间。写文档的最高境界是“不多一字，也不少一字”。虽然对于一般的文档，其质量并不需要像发表论文时所要求的那样，但是也需要朝这个方向努力。

（5）能否避免别人的误解。看一份文档，应该得到的是对一个个问题的明确解答。但是很多人在阅读某些文档时，会不断地在脑海中浮现出问号，或者会对文档中所表述的观点产生错误的解读。有时是因为文档中对结论的表述不够清晰，也可能是因为文档中的表述不够规范。在现实工作中，有太多的人在项目文档中说着“只有自己才懂的方言”。要解决这个问题，就需要注意以下几点。

a. 不要说模棱两可的话。“可能”“大概”这样的描述，在项目文档中应尽量避免；“很大”“很多”这样的描述也要尽量避免，而是换为更精确的定量描述。

b. 要注意自己的表达是否通俗和规范。要使用业界通用的概念，而不要随意编造出新的概念；要使用业界通用的表述方式，而不要使用自己创造的表述方式。

5.1.6 项目文档的基本规范

本节介绍在编写项目文档时，要注意的一些基本规范，具体例子如图 5.1 所示。

版本历史:

v. 1.0, 章淼, 2012/12/12, 创建

编写说明：

本文档说明了项目文档的编写指南。

图 5.1　版本历史和编写说明举例

（1）封面。一个正规的项目文档要包含封面，封面上要说明文档的所属项目、编号、文档的版本号。这些信息有助于未来其他文档对这个文档的引用。

（2）版本历史说明。在文档的头部，要有对文档历史的说明，包括修改人、修改日期、修改说明。文档的历史说明有助于阅读者了解文档的修改过程，也便于追溯文档编写的上下文和背景。

（3）编写说明。编写说明中可以包含文档编写的背景和目的，也可以包含文档内容的概要说明。编写说明的目的类似于论文摘要，可以让阅读者很快了解文档的内容。

（4）文档版式。我一般推荐文档的正文使用宋体、五号字、单倍行距。字体太大或行距太大，会使一页内所展示的信息量太少，从而影响阅读效率。

5.2 项目文档的编写

在了解了项目文档的重要意义后，本节说明项目文档应如何编写。

5.2.1 编写顺序

在编写文档时，可以先采用“自顶向下”的方式。首先列出文档的一级标题提纲；再针对每个一级标题列出子问题作为二级、三级标题；之后针对每个标题编写具体的内容。

在以上方法的基础上，可以使用“反刍”的方法。学过生物的读者应该对“反刍”这个概念有了解，牛会将半消化的食物从胃里返回嘴里再次咀嚼。一份好的文档并不是一次就能顺畅地写出来的，也会经历“反刍”的过程。对于已经写出来的文档，如果感觉不好就要及时修改。在文档“反刍”的过程中，有时是针对一句话，有时是针对一段话，甚至有时会针对整个文档的结构。这种自我修改的过程，对于提高文档的编写能力有很大的帮助。

5.2.2　标题拟定

在文档编写中，标题是一个比较容易被忽视的部分。而标题的选择，对文档的可读性具有非常重要的作用。

本节所介绍的“标题”，不仅仅指文档的大标题，也指文档中各层级的小标题。

1. 标题样式的使用

在编写文档时，要使用文档编辑工具（如微软 Word）所提供的“标题样式”，如图 5.2 所示，同时标题也要区分层次。在编写或阅读文档时，可以将文档结构图显示出来，如图 5.3 所示，这样有助于从全局把握文档内容。

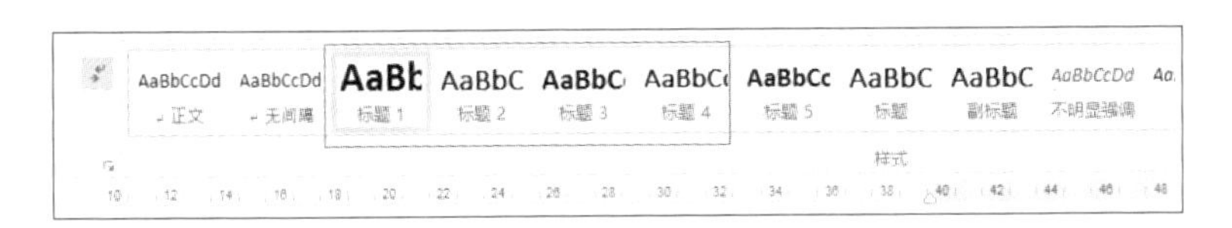

图 5.2　微软 Word 标题样式

2. 标题拟定

在标题的拟定上，要考虑以下几个方面。

（1）标题是否能够表达文档的内容。

（2）标题是否和文档的内容相符合。

（3）各层级标题所构成的提纲，能否清晰反映文档的内容。

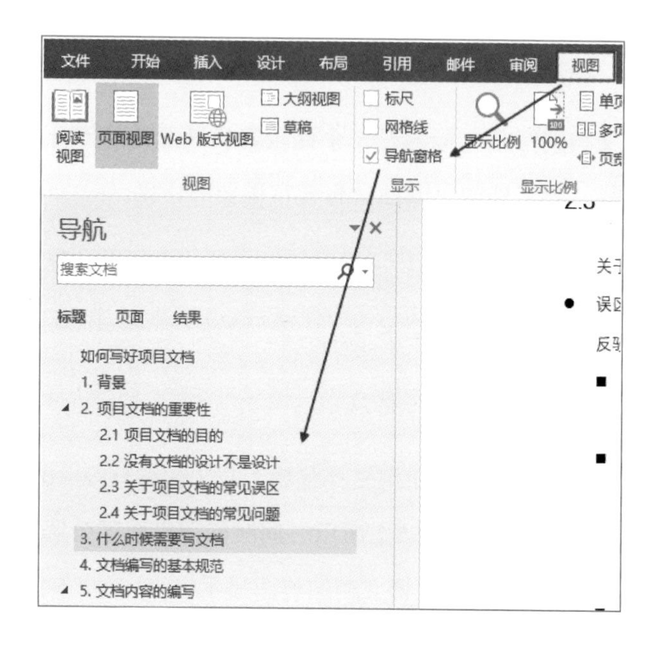

图 5.3　文档结构图举例

3. 标题的典型错误

在标题拟定方面，经常出现以下错误。

（1）标题不准确。

表现：标题和文档内容不一致。

点评：不准确的标题会导致阅读者对文档内容的误读，降低文档的阅读效率。

（2）对标题不使用“标题样式”。

表现：一些人没有使用“标题样式”的习惯，只是把标题的字号调大，这样在编写和阅读文档时无法借助文档结构图。

点评：没有文档结构图的文档在超过一页后就非常难以阅读了。

（3）对标题不编号。

表现：一些人不用数字对标题进行编号（如 1，1.1，1.2）。

点评：数字编号对掌握文档标题的数量、多层级标题之间的关系是很有帮助的。

5.2.3　段落编写

1. 段落的格式

段落格式是文档书写中的重要形式。同时，段落的格式不仅仅是形式，通过清晰的格式还能更好地表达出文档内容的逻辑。文档内容的逻辑关系包括总分、并列和递进等。

在段落格式方面，要注意以下几方面。

（1）段首一定要缩进。对于中文，段首要有两个空格作为缩进。这本来是语文常识，但是在现实工作中，我发现有的文档的段首没有缩进。对于这样的文档，段落之间的间隔不够清楚，在很大程度上会影响阅读效率。

（2）每段不要太长。在一些文档中，有的段落长度长达半页。对于这样的文档，我在阅读的时候都会心生畏惧。一般来说，一个段落控制在3～5行为宜，对于复杂的内容就分为多个段落来描述，这会降低阅读者的阅读难度。

（3）注意每段的第一句话。每段的第一句话对于阅读者快速把握该段的主要内容是非常重要的，对于这句话要多用些心思。对于第一句话没写好的段落，很多时候阅读者需要把整段话都读完才能明白这段话所要表达的意思。

（4）每段内多句话之间应该具有一定的逻辑性。一个段落内多句话之间的逻辑关系要明确，如总分、并列、递进等。在有的文档中，一个段落内出现了多种逻辑关系，如开始是总分，后来又变成了递进；在有的文档中，一个段落内的多句话间没有明确的逻辑关系；还有的文档中一段话中对不同的内容不用句号做间隔，而只用逗号。以上这些书写方式都是让阅读者很难理解的。

（5）让重要的内容更醒目。在段落中，可以使用**加重**、有颜色，或者带下画线的文字来突出想要让阅读者看到的内容。

2. 优化段落的例子

对于技术类文档，在优化段落时我建议大家多使用“项目符号”或“编号”列表的方式，如图5.4所示，这样可以使内容的逻辑关系更加明确。

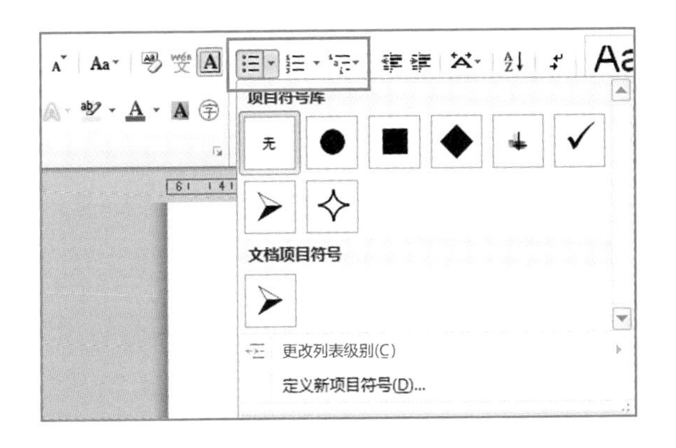

图 5.4　微软 Word 中的“项目符号”和“编号”列表菜单

下面举一个例子来说明如何优化段落写作。大家首先尝试阅读下面这段话，看看是否可以理解这段话所要表达的意思。

> 为了实现内网域名由内网 DNS 服务器解析，外网域名由其他方式（如递归）解析，需在 AZ 使用的 local DNS 服务器上进行配置。例如，对于 bind 实现的 local DNS，在 named.conf 文件中增加如下段落即可（假设内网域名为 internal.example.com，内网 DNS 服务器位于 10.100.200.233:5353）。

这段话虽然不长，但是其中的逻辑却并不简单，要把其中的内容全都看懂是要消耗一些脑力的。

下面使用“项目符号”的形式对上面这段内容进行“改造”。完全一样的内容，在改造后逻辑变得更加清晰，句子长度也变得更短，阅读者可以更快、更准确地把握这段话的逻辑和内容。改造后的段落内容几乎不需要动脑就可以看懂。

> 为了实现内网域名由内网 DNS 服务器解析，外网域名由其他方式（如递归）解析，需在 AZ 使用的 local DNS 服务器上进行配置。
>
> 举例：
>
> - 对于 bind 实现的 local DNS，在 named.conf 文件中增加如下段落即可。
> - 假设：
>   - 内网域名为 internal.example.com。
>   - 内网 DNS 权威服务器位于 10.100.200.233:5353。

有些人认为，使用“项目符号”后文档没有那么“美观”了。技术类文档最重要的目的是传递信息，而不是美观。我相信，如果你看习惯了使用“项目符号”、具有清晰逻辑的文档后，就不愿意再花很多时间去“研读”那些逻辑不清、段落冗长的文档了。

5.2.4 问题划分

在文档中，经常要把一个大问题切分为多个小问题。在切分问题时，首先注意要选择合适的角度。对于同样的事物，从不同的角度看到的东西是不一样的，比如一辆汽车，分别从车头、车尾、车的侧面看，所能看到的东西是不同的。

在选择好角度后，在文档中描述子问题之前，要对切分问题的角度进行说明，以便阅读者能更好地理解。

在描述子问题时，要注意以下三点。

（1）是否是一个独立的问题。要判断问题的切分是否准确，在切分不好的情况下，有时会把一个子问题分为多个，有时也会把多个子问题判断为一个。

（2）是否是一个重要的问题。对于重要的问题，要多使用一些篇幅来深入描述。很多文档写得不好，是由于重要的问题写得不深入，不重要的问题反而花了不少篇幅。

（3）子问题间的联系。多个子问题间一定是存在一些联系的，在文档中要把它们之间的联系说明清楚。

5.2.5　表述模式

虽然我不推荐使用强制性模板，但是写文档确实是有一些通用模式的。对于不同种类的问题，有一些相对应的通用模式可以作为参考。

1. 分析和解决问题

在分析和解决一个问题的时候，一般的模式是：

（1）提出问题。

（2）分析问题。

（3）解决问题。

一些人在写文档时，经常忽略“提出问题”和“分析问题”

这两部分内容，而只涉及“解决问题”，这样的文档很容易让阅读者“迷茫”。

2. 提出建议

如果要对系统的实现提出一个建议，一般需要描述：

（1）出发点（或目的）。

（2）实现的手段。

（3）工作量的预估。

（4）收益的预估。

工作量和收益的预估是经常被遗漏的。缺少这两部分，将难以对 ROI（Return On Investment，投资回报率）做出判断。

3. 系统的设计

在描述一个系统的设计时，一般需要描述：

（1）系统的功能。

（2）系统的组成。

（3）系统的行为。

4. 程序的设计

在描述一个程序的设计时，一般需要描述：

（1）程序的架构。

（2）程序中包含的数据。

（3）程序的模块划分。

（4）程序模块间的调用关系。

（5）程序模块的关键函数接口。

5.3　项目文档中的图片

在项目文档中经常会使用一些图片，好的图片对高效传递信息非常有帮助，所谓“一图胜千言”。但是画图也是有方法的，使用不当的图片会导致信息错误或信息传递的低效。

本节介绍在使用图片时的一些注意事项。

1. 明确图片的目的

文档中出现的所有内容，都应该明确其目的，图片也不例外。在画图的时候也要明确图片的目的。

每张图片只能展示 1～2 个主要问题，也只能说明一个层次上的问题。如果图片中同时有太多的关注点，很容易让阅读者在阅读时“失焦”。

在图 5.5 中，这张图一次表达了过多的内容：系统的总体结构；模块 1 的内部结构；模块 2 的内部结构。在这张图中，同时说明了两个层次的信息。对于阅读者来说，这样的图所包含的信息量过大，在阅读时容易让阅读者丢失信息。

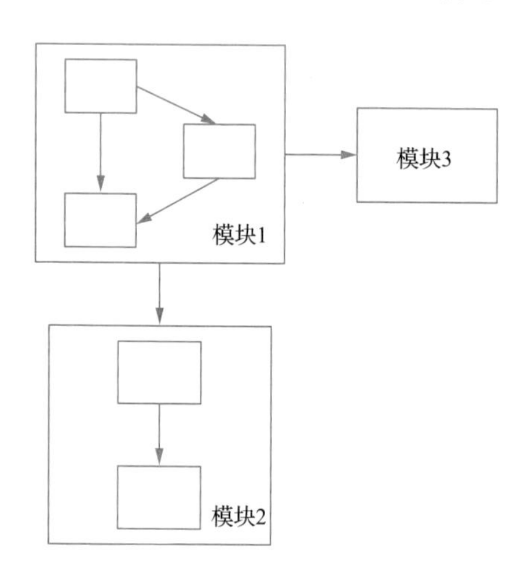

图 5.5　不好的表达方式

对于图 5.5，可以拆解为 3 张图，如图 5.6 所示。一张图用于描述系统的总体结构，另外两张图分别描述模块 1 和模块 2 的内部结构。修改后的每张图的内容都更为聚焦。

2. 关注两个细节

很多图片没有充分利用好图片里的面积，举例如下。

在图 5.7（a）中，图片中的留白面积过大，而用于展示主要内容的面积过小。图 5.7（b）将其进行了优化，扩大了用于展示主要内容的面积。

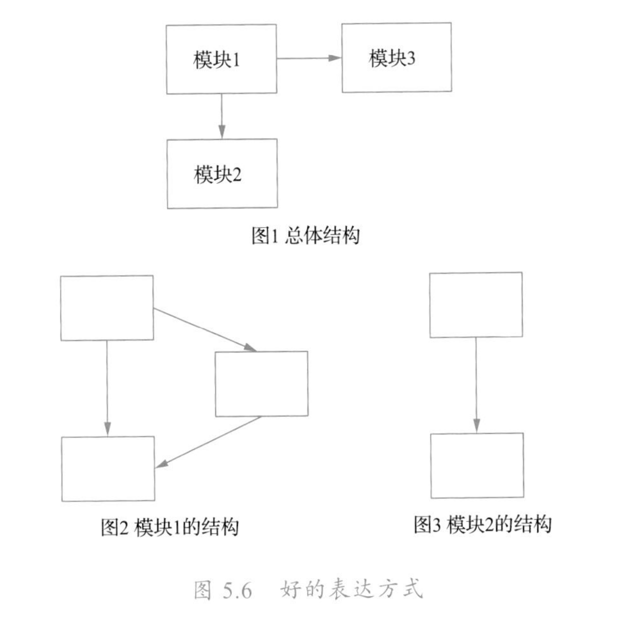

图 5.6　好的表达方式

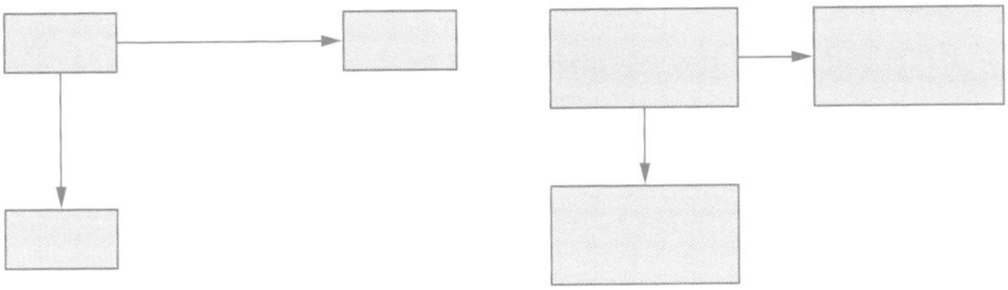

（a）不好的方式　　（b）好的方式

图 5.7　图片面积优化举例

还有很图里的文字不注意字号大小。例如在图 5.8（a）中，图中的文字字号过小，导致阅读困难。在图 5.8（b）中对其进行了优化，在给定的空间内调整了文字大小。

3. 配合文字说明

有些文档只给出了图片，而没有给出任何相关文字说明。

这样的方式对阅读者理解文档信息也是不利的。

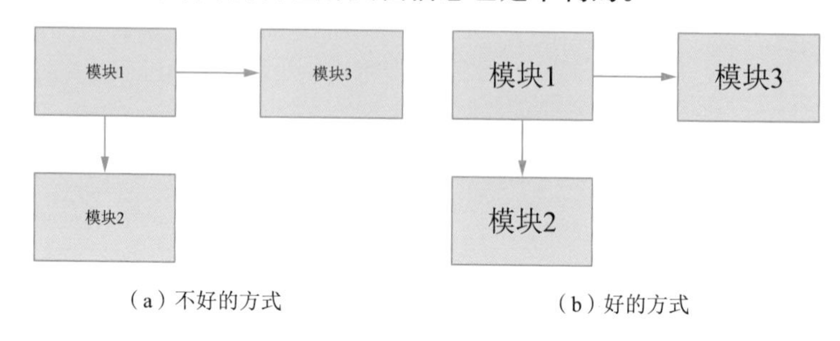

（a）不好的方式　　（b）好的方式

图 5.8　图片中文字大小优化举例

对于一张图，要在正文中给出辅助性说明。在说明时，可以把图片想象为一张地图，说明的文档就像一个导游在引导一个游客观看这张地图。虽然图片中已经呈现了各种信息，但是恰当的说明可以引导阅读者更好地获取和理解图片中的信息。阅读者的视线会随着文字的引导而完成对图片的浏览。

4. 按照规范画图

在项目文档中，经常使用的图包括：流程图、架构图、时序图，等等。

在实际工作中，我经常发现一些图片在绘制时并没有遵循相应的绘制规范，导致阅读者在阅读时出现困难。

将架构图和流程图混在一起绘制，这是项目文档编写者常犯的一个错误。如图 5.9 所示，粗看起来这张图是一张流程图。但是仔细一看，其中还包含了多个模块（url 对象队列模块、url

获取与解析模块、文件写入模块)。图中的几条边写为“调用”“构造”等，这些都是不符合流程图绘制规范的。

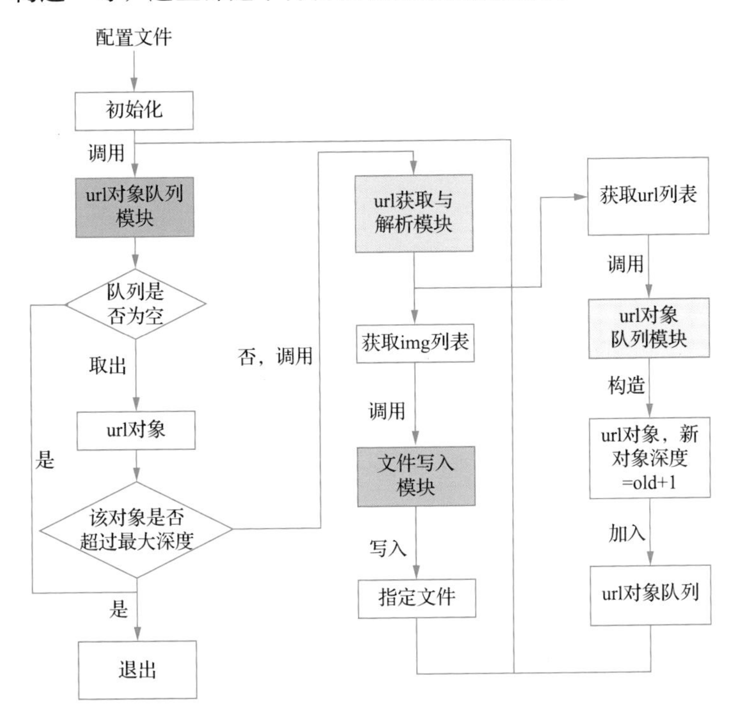

图 5.9　画图反例：架构图和流程图混在一起

从流程图的角度来看，图 5.9 也是有问题的。比如图中左侧对“队列是否为空”的判断，一条向下的边写为“取出”，这里应该写为“否”；“取出”下方的矩形框里写的是“url 对象”，而流程图中的矩形框里写的都应该是动作性描述。

从矩形框“url 获取与解析模块”出发，引出了两条边，这在正规的流程图中也是不应该出现的。

这样的例子似乎比较极端，但在现实工作中并不少见。这样的图无法达到准确高效传递信息的目的。由此可见，软件工程师的基础能力在软件研发工作中发挥着重要作用。

在文档的配图方面还有一个常见的问题，那就是“没有图题”。如图 5.10 所示，阅读者本来希望看到系统的架构图，但后来才发现，这张图想说明的是系统的输入和输出。如果图中“2.1 节”的标题能够更明确一些，或者有一个图题，那么就可以很快地让阅读者明白图片的目的，从而尽快聚焦到图片所要传递的细节信息上。

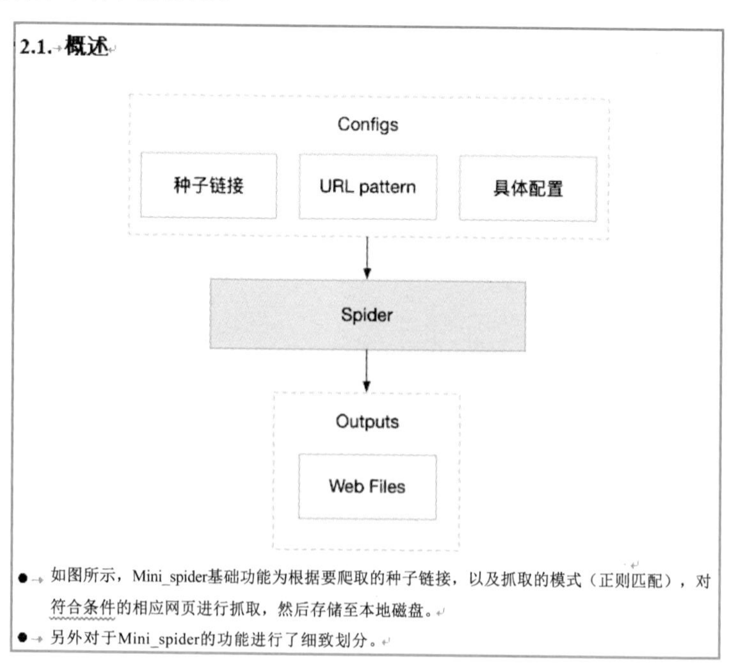

图 5.10　画图反例：没有图题

5.4　项目文档评审

和代码评审类似，项目文档评审对保证文档质量发挥着重要作用。本节将讨论在文档评审中存在的一些常见问题，并简要说明文档评审的方法。

5.4.1　评审常见问题

在现实工作中，很多文档的评审是无效的。在工作中，我们可能会听到下面这样的对话。

Q（项目负责人）：“这个文档你 review 过了，为什么质量还这么差？！”

A（文档评审人）：“这个文档的内容我也感觉是模模糊糊的……”

在有些文档评审过程中，评审人其实并没有完全看懂文档的内容。这样的评审，并没有起到文档评审本应起到的作用。甚至有些文档在写出来后就根本没有被（仔细）看过。写这样的文档似乎只是在形式上完成一项任务，而不具有实质作用。

对于项目文档的重要性本来就缺乏广泛共识，使得很多人在项目文档的评审方面做得更差。在很多人的观念中，写项目文档都已经是浪费时间了，文档评审就更是浪费时间的事情。

5.4.2 评审方法

对评审人来说，文档评审是在大脑中的一次“重放过程”。评审人应该尝试跟随作者的思路，看看是否可以走通。评审人可以按照“系统、全面、深入”的标准来衡量文档的质量，也可以从概念定义的准确性、逻辑推导的准确性等方面来审查文档中的细节问题。在经过文档评审后，评审人应该对所评审的文档有深入的理解。

对于文档的评审，不应该只停留在口头上，而应该在文档中留下书面记录。如图 5.11 所示，可以使用文档编辑工具“新建批注”在文档中插入批注，也可以使用“修订”功能，对文档直接进行修改（这是和代码评审有差异的地方，代码评审中评审人不能直接修改代码）。在有文档评审记录的情况下，可以以面对面的沟通方式作为辅助。

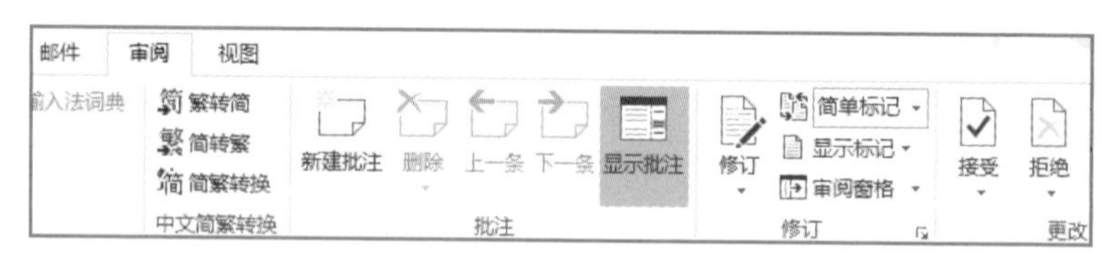

图 5.11　微软 Word 提供的“新建批注”和“修订”功能

在评审人针对文档提出修改意见后，文档编写人对文档修改后要升级文档的版本号，并再次提交评审。文档评审人可以对照上一个版本中的批注和修订记录来查看新版本文档的修改情况，确保在上一个版本中提出的所有问题都已经得到解决。

一个文档从初始版本到最终完稿，可能会经过十个以上版本的修改。文档评审修改的过程，其实是设计过程的一部分。通过文档评审这种方式，文档评审人和文档编写人在共同完成软件的设计。

5.5　项目文档存放

除了文档的编写，项目文档存放也非常重要。项目文档没有很好的存档，其作用会大打折扣，已经写好的文档会难以维护、难以查看。

5.5.1　常见错误

1. 将文档存放在个人空间中

一些企业是基于 wiki（一种在网络上开放且可供多人协同创作的超文本系统）来管理项目资料的。但是对于 wiki 空间的管理常常缺乏一定的规范性，没有区分“个人 wiki 空间”和“项目 wiki 空间”。很多人出于方便，把本来属于项目的文档放置在个人 wiki 空间中。未来在查找项目资料时，很难看到这些存档于个人 wiki 空间的文档。

2. 没有建立文档索引

在一些项目团队中，文档只是存放在 wiki 空间中，或者放置在一些文件目录型的存储空间中。在这种方式下，阅读者很难看清整个项目文档的全局，需要逐个翻阅文档才能了解文档内容。

另外，很多已经过时的文档仍然在存档中，而且并没有做标记。这些文档会给后续的阅读者带来很多困扰。

3. 分期建立文档索引

一些项目会分为多期来进行（比如，一期、二期、三期……），有些项目团队会为每期项目开发和维护独立的文档索引。

以上方式存在的问题是，如果在某个时刻需要了解项目全貌，阅读者必须把每期项目的文档索引都看一遍，再对文档索引的“时间切片”进行汇总。在某些情况下，如果经过多期项目后某个系统的设计方案发生了变化，那就需要通过对比多期项目的文档才能获得当前的最新情况（由于这些修改并不一定发生在最新一期项目中，所以仅看最新一期的项目文档是不够的）。

5.5.2 存放建议

本节关于文档存放提出几点建议。

1. 基于项目建立存档

项目文档应围绕“项目”来进行存档。项目才是研发组织的主线，围绕个人或团队来建立项目存档都是不好的做法。

2. 对文档建立版本控制机制

对于项目文档，也要和代码一样建立版本控制机制。对于文档的修改、提交要能够做到很好的追踪。

3. 建立文档索引

在一个项目内，应针对项目文档建立一个文档索引。索引中的主要内容包括：

（1）文档的题目。

（2）文档的编号。

（3）文档的作者、修改人。

（4）文档的编写/修改时间。

（5）文档的简要说明。

通过良好的项目文档索引，可以很容易看清一个项目内文档的全局。下一节提供了一个项目文档索引的例子供读者参考。

5.5.3　项目文档索引举例

下面通过一个例子来说明如何建立项目文档索引。

这个项目的目标是建立一个“软件工程师考试系统”。项目规模比较小，只涉及三个角色：产品经理张三、开发人员李四、测试人员王五。

在这个项目的文档索引中，可以按照产品设计、系统设计、测试文档、用户文档的线索来组织。通过这个文档索引，可以很快掌握整个项目文档的全貌。

软件工程师考试系统的文档列表

1. 产品设计

1.1 需求说明

文档编号	题　　目	作者/修改人	创建/修改时间	最新版本号	摘要说明
1-1-001	软件工程师考试系统的功能说明	张三	2018/2/1	1.5	对软件工程师考试系统的总体功能说明
1-1-002	增强角色管理功能的需求说明	张三	2018/6/1	1.0	关于如何增强软件工程师考试系统中的角色管理功能的需求分析

1.2 UI 设计

文档编号	题　　目	作者/修改人	创建/修改时间	最新版本号	摘要说明
1-2-001	软件工程师考试系统的UI 设计	张三	2018/2/15	1.3	软件工程师考试系统的 UI 总体设计
1-2-002	增强角色管理功能的 UI 设计	张三	2018/6/10	1.0	在软件工程师考试系统中增强角色管理功能的 UI 设计

2. 系统设计

2.1 总体设计

文档编号	题目	作者/修改人	创建/修改时间	最新版本号	摘要说明
2-1-001	软件工程师考试系统的总体设计	李四	2018/2/15	1.3	软件工程师考试系统的总体设计说明

2.2 详细设计

文档编号	题目	作者/修改人	创建/修改时间	最新版本号	摘要说明
2-2-001	软件工程师考试系统的API接口设计	李四	2018/3/1	1.3	软件工程师考试系统的对外API接口
2-2-002	软件工程师考试系统的数据库表设计	李四	2018/3/15	1.6	软件工程师考试系统中所有数据库表的设计
2-2-003	增强角色管理功能的技术方案	李四	2018/6/10	1.2	增强角色管理功能的技术方案说明

3. 测试文档

文档编号	题　　目	作者/修改人	创建/修改时间	最新版本号	摘要说明
3-001	软件工程师考试系统的测试方案	王五	2018/3/1	1.3	软件工程师考试系统的测试方案说明
3-002	增强角色管理功能的测试方案	王五	2018/6/10	1.1	针对增强角色管理功能的测试方案说明

4. 用户文档

文档编号	题　　目	作者/修改人	创建/修改时间	最新版本号	摘要说明
4-001	软件工程师考试系统的使用说明	张三	2018/7/1	1.10	软件工程师考试系统的用户使用说明

5.5.4　存放工具的选择

对于规模较大的公司，可能会使用商用或自研的专用系统来存放文档。对于小规模场景，可以使用以下方法存放文档。

（1）将文档保存在 svn（subversion 的缩写，一个开放源代码的版本控制系统）或 git（分布式版本控制系统）这样的代码仓库中。代码仓库可以对文档的版本提供很好的控制，而且可以避免文档被误删除。

（2）在 wiki 上建立文档的索引。在文档索引中，文档的标题为指向文档存档地址的链接。

在存放文档的代码仓库中，建议为每个文档建立单独的目录。在这个目录中，放置这个文档的所有版本。而在文档索引中，链接不是指向文档文件，而是指向文档所在的目录。这样在每次提交新的文档版本后，不需要重复修改文档索引中的链接地址。

示例如下。

```
/产品设计
    /需求分析
        /软件工程师考试系统的需求分析
            软件工程师考试系统的需求分析 v1.0.doc
            软件工程师考试系统的需求分析 v1.1.doc
/系统设计
    /总体设计
        /软件工程师考试系统的总体设计
```

```
            软件工程师考试系统的总体设计 v1.0.doc
            软件工程师考试系统的总体设计 v1.1.doc
    /详细设计
        /软件工程师考试系统的数据库设计
            软件工程师考试系统的数据库设计 v1.0.doc
        /软件工程师考试系统的 API 设计
            软件工程师考试系统的 API 设计 v1.0.doc
```

5.6 项目文档编写工具

编写项目文档需要选择合适的工具。表 5.1 将常见的三种文档编写工具（微软 Word、wiki、Markdown）进行了对比。

文档编写工具还有很多，由于篇幅所限不再一一列出。大家可以根据自己工作的需要选择合适的工具。

表 5.1　三种文档编写工具对比

工　具	优　点	缺　点
微软 Word	（1）在本地执行，性能有保障 （2）强大的格式支持功能 （3）便于进行批注和修订 （4）配合文档的存档方案（见 5.5.4 节中的说明），便于管理版本 （5）便于查看文档的目录结构	（1）本身是单机软件，共享需要单独上传到存档地 （2）多人协同编辑困难 （3）多版本间的差异无法比较（只能依赖文档历史说明或使用“修订”功能）

续表

工　具	优　点	缺　点
wiki	（1）在线编辑 （2）便于共享 （3）便于多人协同编辑 （4）便于查看版本历史和版本间的差异 （5）在线权限管理能力强（读、写等权限区分清楚）	（1）格式化支持能力弱于微软 Word （2）使用时必须联网（性能依赖于网络状况） （3）管理目录结构的能力弱于微软 Word（在编写较复杂的文档时较为明显） （4）没有批注功能（不便于文档评审时的深入交流）
Markdown	（1）在线编辑 （2）可专注于写内容 （3）便于查看版本历史和版本间的差异	（1）对非软件工程师有入门门槛 （2）排版能力非常弱 （3）无法直接查看文档目录结构（可通过使用 Typora 等工具解决） （4）无批注功能

5.7　如何提高项目文档编写能力

很多人对编写项目文档有一个误区：我对这个项目非常清楚，我只是不会写文档。这个想法是非常错误的。写不好项目文档的根因是没有想清楚项目！

关于如何提高项目文档的编写能力，最根本的还是要提高分析问题和解决问题的能力，提高设计系统的能力。只有这些能力提高了，项目文档的编写能力才能得到真正的提高。

从执行的角度，这里提出几点建议。

（1）多看好文档。人的能力提升，很多时候受所接受信息的潜移默化的影响。要提高文档编写方面的能力，就要多阅读优质内容。这里推荐大家多阅读一些好的教科书。优秀的教科书不仅仅告诉你一项技术是什么样的，而且会分析为什么。在阅读的时候也要注意，不仅要从书中获得知识，而且要注意学习分析过程。另外，也可以阅读一些优秀的论文，很多发表的论文（尤其是系统方面的论文）可能就是从设计文档中提取出来的。

（2）多写。从书上介绍的方法到自己掌握的方法，必须要经过自己实践这一环节。只有通过不断练习，才能真正体会到这些方法的用途和细节之处。

（3）多改。和“多写”配合起来，一定要对写出来的文档多加修改和优化。很少有文档在第一版就是合格的。在很多情况下，你也不可能一直找到高人来帮助自己修改。最可行的方法还是自己给自己挑毛病，在不断修改的过程中，写文档的能力会慢慢得到提高。

（4）多互相评审。他人的评审有助于看到自己看不到的问题。看一遍别人的文档，对自己来说也是很好的训练。

对于以上几方面，如果持续刻意练习一段时间，大家在写项目文档的能力方面一定会获得明显提升。

第6章

做研究

第 5 章介绍了编写项目文档的一些方法，这些方法大部分是形式上的，比较容易掌握。很多项目文档的编写其实是一个“研究”的过程，如果没有掌握研究的方法，写出来的文档可能只有“形”而没有“神”。

目前在中国软件研发领域，“研究”是非常缺乏的。很多人没有接受过研究方面的训练，导致一些本来可以使用研究方法来深入钻研的工作会半途而废。

如何做研究是一个比较大的话题，本章尝试做一些简单的说明，主要内容包括：

（1）什么是研究。

（2）如何做好研究。

（3）做好研究的必备素质。

6.1 什么是研究

“研究”这个词，可能会让很多软件工程师感到很遥远，感觉和自己没有关系。在很多公司，软件工程师经常被称为 RD（Research and Development），即“研发工程师”。软件工程师是需要做“研究”的，否则只是一个“开发者”（Developer）。

关于“研究”，我们可能会有以下一些认识。

（1）做一个好的系统。

（2）解决一个有难度的理论问题。

（3）发布高水平的论文。

（4）发表很多论文。

（5）提交专利申请或者标准草案。

以上这些看法是普遍的，但是它们可能是片面的。这些认识会给我们的研究带来误导。

这里列出一些对我有启发的观点，它们有可能并不全面或者正确。

（1）To identify the fundamental problem and solve it（去识别、定义那些最重要的问题，并解决）。

这句话是 20 多年前加州理工大学 Steven Low 老师在一封电子邮件里告诉我的。虽然在网上始终没有搜到这句话的出处，但我一直认为这是关于研究的一个最好的定义。简而言之，研究就是“发现问题，解决问题”。研究不一定是发论文，研究不一定是搞理论，研究其实是我们每天都在做的事情。

研究的一个重要目的是“解决问题”，需求和问题是研究的主要推动力。在这里我更想强调的是，“去识别、定义那些最重要的问题”。长期以来，我们在学校接受的训练都是“解决问题”。我们习惯于在平时的练习和考试中去面对已经定义好的问题，使用已经成熟的方法去解决，而在“发现和定义问题”方面练习不足。而在工作中，我越来越感觉到“发现和定义问题”的重要性。没有新问题的发现，则没有工作的空间；没有准确的问题定义，则在工作上要走很多弯路。

（2）研究的一个重要意义是去探索所有的可能性。

研究的一个重要意义是探索未知领域，扩大人类对这个客观世界的了解，加深我们对这个世界的认识。

既然是“探索”，就意味着大概率可能会失败。如果一项工作一定会成功，那么就不是研究。做研究探索，需要我们能够容忍和接受失败，即使最后失败了，也能够告诉大家这条路是走不通的，还能告诉大家为什么走不通，那么这项研究依然是有意义的。

（3）研究是要做创新的事情。

做研究不能抄袭或者跟随，要走自己的路。研究来自“不同”，这种“不同”一定来自独立和自由的心灵。如果抱有盲目从众、迷信权威的思想，则是无法做出创新的事情的。

研究是多样的，并不只有少数几种模式。你走你的阳关道，我非要走一下独木桥！最后可能发现这两条路都可以走通。研究的一个奇妙之处在于：即使做同一个题目，每个人都可以找到不同的路，因为每个人都有自己独特的地方。在研究中要“扬长避短”，发挥自己的长处。可以想想什么是你独特的感受和体会，多从自己熟悉和擅长的地方寻找机会。

6.2　如何做好研究

本节从发现问题、分析问题和解决问题三个方面来说明如何做好研究。

6.2.1　发现问题

“问题”是研究的主要源头，研究应该是由“问题驱动”的。如果能够发现一个好问题，其实已经成功了一多半。大约在 20 年前，微软亚洲研究院的沈向洋有过一个对研究水平的说法：一流高手提问题，二流高手解问题，三流高手炒问题（“炒冷饭”）。由此可见“发现问题”的重要性。

在“提出问题”方面是有层次之分的，有的是大方向上的提出，有的是小问题的提出。很多被后人认为是开山之作的论文，大多提出了一个很好的问题，而解决的方法或许是不太复杂的。而对于那些已经清楚定义的问题，往往研究空间很小，研究难度很大。

既然发现问题如此重要，那么怎么去发现问题呢？问题的发现常常需要经验，尤其是对方向的指出。有两种方法可以用于问题的发现。

（1）综述一个方向的发展现状。通过对现有研究成果做调研和梳理，有利于把握方向的全貌。在这个基础上，可能会发现其中存在的问题，也可能发现前人还没有尝试过的方法，这些都会带来研究的空间。

（2）从自己的亲身体会去发现问题。在工业界，这样的情况有很多，在工作中很可能碰到一些现实需求，可能当前的系统或算法无法满足这些需求。对这些需求进行抽象和提炼就能形成很好的研究问题。

同时，在发现问题方面，也是需要一点儿“精神”的。

（1）要有挑战权威的精神。要相信，在科学研究面前人人都是平等的。即使是某些权威或职级较高的人所给出的结论，也要经过自己的思考和论证再接受；如果发现其中有不合理的地方，要敢于质疑，敢于提出不同的想法。

（2）一定不要有“想当然”的思想。要建立这样的认识：写在书本上或者变成铅字的观点不一定是正确的。

6.2.2　分析问题

本节介绍在分析问题时所使用的方法和注意事项。

1. 注意概念和逻辑

在解决问题之前，需要对问题有一个准确的定义。在问题的定义和分析中，要注意其中使用的概念和逻辑。

概念是问题分析的基石。概念是大家的一种共识，是顺利进行科学交流的基础。从某种意义上讲，概念是构成“科学语言”的单词。在搞清楚概念的过程中，有时也能发现机会。在现实工作中，我发现很多人不重视概念的准确性，一个重要的体现就是在系统设计和程序编写中命名的随意性（可参见 2.7.6 节）。这造成了交流和理解方面的困难，也造成了问题定义的不准确。

逻辑对于问题的分析也是非常重要的。在分析问题的过程中应该有严密的逻辑。我经常发现一些技术文档中出现混乱和跳跃的逻辑，仔细推敲后会发现分析的过程存在问题，这样的工作结果是经不起时间的考验的。

2. 分而治之和分类比较

在很多时候当面对一个规模较大的问题时，会感觉无从下手。这时候可以尝试将原始问题分解，变为多个规模较小的问题。这样的拆分还可以继续，直到问题的规模小到易于解决为止。这种方法的英文名称叫作 Divide and Conquer，中文叫“分而治之”。

在分析问题时，还有一个常用的方法是分类和比较。通过将同类别或不同类别的问题进行详细对比，可以加深我们对这些问题的认识。

在对问题做拆分和分类的过程中，也要注意问题之间的联系。我们可以将问题想象为一个点，将问题间的联系想象为一条边。问题及问题间的联系就构成了一张图。问题本身包含了信息，问题间的联系也包含了信息。

3. 假设和场景

在分析问题时，对于问题的“假设”（assumption）和“场景”（scenario）要给予足够的重视。

工程中很多问题的解决方法都建立在一定的假设和场景中。互联网公司里很多系统都是针对特定的假设和场景进行优化后的产物。一方面，对假设和场景的深入分析，有助于对系统和算法做出更加深入的优化；另一方面，在假设和场景发生变化时，之前的方法很可能就不那么适用了，这时候很可能会出现新的研究机会。

6.2.3　解决问题

在完成发现问题和分析问题后，下面进入解决问题的阶段。

1. 优先解决重要问题

每个人的精力都是有限的，不可能解决所有的问题。一定要搞清楚哪些是重要的、首先要解决的问题。

在实践中，先列出问题，然后再对问题按优先级排序，这是个非常有效的方法。在完成对重要问题的识别后，可以在某个阶段将精力聚焦在重要问题上。

2. 可先尝试解决简单的问题

有时面对非常复杂的问题，无从下手，可以尝试将这个问题做一些简化，变成一个相对简单的问题去解决。在取得一些经验后，再去尝试解决复杂一些的问题。

使用模型抽象是简化问题的一个方法。在模型化的过程中，可以去除问题中的很多细节因素，保留问题的核心要素。针对简化后的模型，会更容易将精力聚焦在分析问题的主要逻辑上。

3. 学会做取舍

要相信“没有任何事情是完美的”。在工程研究中常常是在做取舍（Tradeoff），通过牺牲我们不重视的方面，来获得我们重视的方面的提高。不要试图去寻找一种完美的方法，这种寻找常常会无果而终。反过来，如果一个人宣称他所设计的方法在任何方面都达到最优，也可以大概率判断出这个说法很可能存在问题。

在不同的场景下做取舍有很多不同的方式，这就是研究的机会。空间和时间、延迟和吞吐、性能和公平、读取性能和变更性能，这些因素之间都存在着取舍的关系。具体如何取舍，要基于问题的假设和场景来判断。

6.3 做好研究的必备素质

要做好研究，需要具备一些基本的素质。我还在学校读书的时候，我的导师吴建平老师多次教导我们：

> 做人，要诚实；做事，要认真；做学问，要钻研（或要有更高的追求）。

受此启发，下面从做人、做事、做学问三方面谈谈做研究的一些建议和体会。

6.3.1 关于做人

做研究的过程，不仅仅是学问上的修炼，也是对人本身的修炼。

首先，只有保持心情愉快才能做好研究。同时也应该认识到，身体和心理的健康，比做学问更重要。急功近利的思想对做研究是非常有害的。研究本身是高风险的，99%的研究都是要失败的。一定能够成功的事情，一定不是研究。在研究中应该抱有这样的想法：做研究很可能做不出大的成绩。如果能做出大的成绩，那是因为运气好。

其次，要时刻注意全面地发展自己。这里想强调哲学和语文的重要性。哲学就是“爱智慧”，要喜欢思考问题，习惯于思考问题。哲学中包含了一些最基本的原则，如果违背了这些基本原则，那么在技术上无论如何努力也都是白费功夫。

语言是交流思想的工具，如果语文学不好，那么既搞不清别人在做什么，也说不清自己在做什么。语言的能力也影响到思考的能力。除了语文和哲学，历史、社会学、经济学、心理学这些人文学科对于从事工程研究的人也是非常重要的。这些学科中蕴含了前人的很多智慧和经验，对于工程技术的发展也有很大的推动作用。比如，在互联网体系架构的研究中，互联网“自组织”的思想可以从社会学中获得很多借鉴。

最后，对于一名研究者，还需要保持好奇心、感知力和想象力[1]。好奇心，就是对不知道的事情有兴趣去搞明白。在我们身边其实有很多研究的机会，如果缺乏好奇心，就会错过这些

注1. 观点来自周国平《教育就是生长，健康与自由的生长》一文。

研究机会。感知力，就是能够感知现实中存在的问题，能够感知到别人的论文所传递的主要思想。想象力，就是敢于假设和猜想。有一句话叫“大胆假设，小心求证”，在进行严密的逻辑推导前，首先需要做一些假设和猜想。好奇心、感知力和想象力在孩子身上是最强的，因此做好研究需要我们保持一颗童心。

6.3.2 关于做事

本节谈谈关于做事的一些体会和建议。

首先，要从小事做起。一直要坚持做小事，我们的灵感常常来自小事情，来自细节。如果不做小事，就好像双脚离开了大地，变得没有依靠。

其次，既要勤奋的工作，也要聪明的工作。做研究是一种高级的脑力劳动，不是简单的拼时间。要想办法让你的大脑能够保持活跃的状态，这会有助于提高工作效率。

再次，要有团队精神。几乎没有任何研究是可以依靠个人的力量完成的。好的场景应该是利用前人经验，多个人协作完成一件事情，而不是每个人都从头开始，各自为战。对很多组织来说，在团队协作方面还有很大的提升空间。

最后，要加强沟通。沟通是研究过程中的必需环节。在一个软件项目中，有超过 50%的时间是花在沟通上的。沟通常常会促进思路的完善和新思想的出现，只有提高沟通质量，才能提高研究质量。沟通应该是发自内心的需要，而不是他人强迫，信任和开放是沟通的基础。

6.3.3 关于做学问

在做学问方面，对我启发较大的是来自王国维和陈寅恪两位大师的思想，这里分享给大家。

王国维在《人间词话》中，通过引用古人诗句，说明了研究者应该有的心路历程。

> 古今之成大事业、大学问者，必经过三种之境界：“昨夜西风凋碧树。独上高楼，望尽天涯路。”此第一境也。“衣带渐宽终不悔，为伊消得人憔悴。”此第二境也。“众里寻他千百度，蓦然回首，那人却在，灯火阑珊处。”此第三境也。

陈寅恪在《对科学院的答复》中，说明了“自由思想”和“独立精神”对于研究的重要性。

> 没有自由思想，没有独立精神，即不能发扬真理，即不能研究学术。

在做学问的过程中，我们应该能够感受到研究所带来的快乐。对于这种快乐，一方面来自研究过程中对自我的提升和超越，这种提升有能力方面的，也有心态方面的；另一方面，研究过程中与他人交流和切磋也是快乐的。另外，研究的快乐还来自我们有可能用我们的研究来改变世界。

第7章

项 目 管 理

对很多软件工程师来说，项目管理的重要性被严重低估。从我日常的观察和调研来看，在很多公司有超过95%的软件工程师都没有系统掌握项目管理方法论。很多项目的低效和失败其实来自落后的项目管理方法。

通过本章介绍，希望读者能意识到项目管理的重要性，对项目管理的概念建立正确认识，并了解一些最基本的项目管理方法。有兴趣的读者可以进一步阅读项目管理方面的专业图书。

7.1 重视项目管理

不少软件工程师认为，编写代码和钻研技术是他们最重要的工作。还有一些人认为，我不是团队的领导者，也不是管理者，为什么要懂项目管理？以上错误的认识导致中国很多软件工程师在项目管理能力上的不足。

其实项目管理在软件开发中的作用非常重要！

在《软件开发的 201 个原则》一书中，明确提出“好的管理比好的技术更重要”。

> **原则 127 好的管理比好的技术更重要**
>
> GOOD MANAGEMENT IS MORE IMPORTANT THAN GOOD TECHNOLOGY
>
> 好的管理能够激励人们做到最好，糟糕的管理会打击人们的积极性。所有伟大的技术（CASE 工具、技术、计算机、文字处理器等）都弥补不了拙劣的管理。好的管理，即使是在资源匮乏的情况下，也能产生巨大的效果。成功的软件初创公司，不是因为它们有强大的流程或者强大的工具（或与此相关的优秀产品）而成功。大多数的成功都源于成功的管理和出色的市场营销。
>
> ——摘自《软件开发的 201 个原则》

很多人但凡有一些参与项目的经验，可能就会发现很多失败项目的根因并不是技术搞不定，而是在项目管理方面出现了严重问题。

在“谁是管理者”的认知方面，传统的观念会明确区分“管理者”和“执行者”，而这种观念早已不能满足当代社会的要求。在管理大师彼得·德鲁克的名作《卓有成效的管理者》一书中，明确提出“每一位知识工作者其实都是管理者”。

> 每一位知识工作者其实都是管理者，而且卓有成效是每个管理者必须做到的事。
>
> 所有负责行动和决策而且能够提高机构工作效率的人，都应该像管理者一样工作和思考。
>
> 有效的管理者与无效的管理者之间，在类型方面、性格方面及才智方面，是很难加以区别的。有效性是一种后天的习惯，既然是一种习惯，便可以学会，而且必须靠学习才能获得。
>
> ——摘自《卓有成效的管理者》

每一名软件工程师都是知识工作者，都是管理者。很多项目中并没有专职的管理者，其实是工程师自己在管理项目。而从软件研发的发展趋势看，随着软件工具和云计算平台的完善，高度自组织的小团队显示出越来越强大的战斗力。无论是在大公司，还是在小型创业公司，很多大规模的项目都是由小团队

（小于 10 人，甚至只有 2～3 人）完成的。在这种场景下，对工程师的综合能力提出了很高要求，项目管理能力是其中的关键能力。

因此，所有软件工程师都应该懂项目管理！

7.2 相关基本概念

本节首先明确两个基本概念：项目和项目管理。

1. 项目

项目，是在一定的约束条件下（限定时间、限定资源），具有明确目标的一次性任务。

对于一个项目有四个基本要素：时间、范围（即定义中的目标）、成本（即定义中的资源）和质量，如图 7.1 所示。

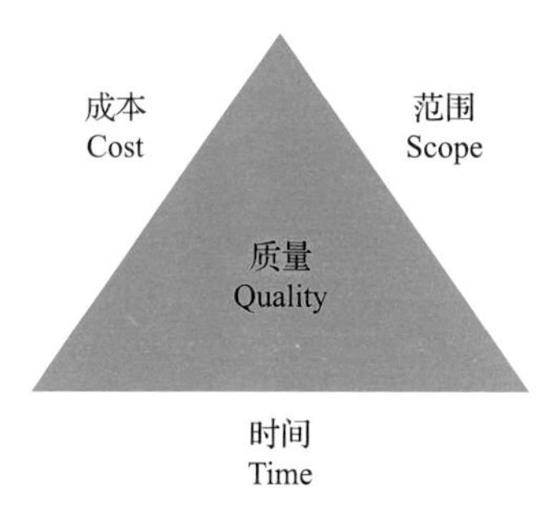

图 7.1 项目的四个基本要素

项目的四个基本要素对于把握一个项目非常重要。我经常看到在一些项目中，项目的完成时间不确定，项目的目标和范围不确定，项目的资源不确定，项目的质量要求不确定。这样的项目大概率是要失败的。

2. 项目管理

项目管理是指，为了使软件项目能够按照预定的成本、进度和质量要求顺利完成，而对人员（People）、产品（Product）、过程（Process）和项目（Project）进行分析和管理的活动。

项目管理的目的是让软件项目在整个软件生命周期内，在预定成本内按期按质地完成，最终交付用户使用。

这里要强调的是“整个软件生命周期”。很多人只注意到软件的开发阶段，而事实上，软件的完整生命周期包括：分析、设计、编码、测试、维护等多个环节。只有全面地看到软件的整个生命周期，才能对项目管理中的一些决策做出正确判断。

3. 项目四要素间的关系

在项目管理中，一个非常重要的工作是处理项目四要素之间的关系。在现实工作中，经常看到以下两种误区。

（1）在预先给定项目目标的前提下，要求项目在指定时间内完成，而不考虑人力资源方面的实际情况。

（2）在项目目标、时间和范围锁定的情况下，通过降低质量要求完成项目。

针对第二个误区，在第 1 章"软件工程能力"中已经有相关介绍。在任何情况下，质量必须放在首位，没有可权衡的余地。这里重点介绍如何避开第一个误区。

在给定的质量要求下，可以在项目的时间、范围、成本间做权衡。具体操作方法是：锁定 1～2 个要素，改变另外 1～2 个要素。

举例如下。

（1）在时间确定的情况下，可以通过缩小范围或增加成本来确保时间目标的达成。

（2）在成本确定的情况下，统一通过缩小范围或延长时间来确保成本目标的达成。

（3）在时间和范围确定的情况下，可以通过增加成本来确保时间和范围目标的达成。

对于第一个误区，在给定项目目标和指定时间的情况下，常常通过隐性的增加人力资源的方式（如无偿的加班）来达成。加班可能在短期内是有效的，但是从人员健康和工作效率等方面考虑是根本无法持续的。

一个非常值得关注的问题是，"时间"和"成本"（人力资源）并不能简单互换。在很多情况下，想要缩短项目时间，并不能简单依靠增加人力来解决。这个问题由 Frederick P. Brooks 在《人月神话》（*The Mythical Man-Month*）一书中提出。

在《软件开发的 201 个原则》一书中将其作为一个独立的原则列出。

> 原则 140　人和时间是不可互换的
>
> PEOPLE AND TIME ARE NOT INTERCHANGEABLE
>
> 只用“人月”来衡量一个项目几乎没有任何意义。如果一个项目能够由 6 个人在 1 年内完成，是不是意味着 72 个人能在一个月内完成呢？当然不是！
>
> 假设你有 10 个人在做一个预期 3 个月完工的项目。现在你认为你将比计划晚 3 个月完工，也就是说，你预估需要 60 人月（6 个月 ×10 个人）。你不能增加 10 个人并期望项目按计划进行。实际上，很可能因为额外的培训和沟通成本，再增加 10 个人会使项目更进一步延期。这个原则通常叫作布鲁克斯定律（Brooks’ Law）。
>
> ——摘自《软件开发的 201 个原则》

7.3　项目管理的过程和步骤

对于一个项目来说，一般包括三个主要步骤，如图 7.2 所示。

（1）项目规划和启动。在这个步骤中，完成的工作包括：定义项目目标、组建项目团队、建立项目基础设施、规划项目的执行计划和启动项目研发等。

（2）项目执行和监控。在这个步骤中，主要目的是推动项目按照既定计划去执行。主要工作包括：监控项目进展、识别项目风险，在必要时采取纠正措施，确保目标达成。

（3）项目总结和回顾。在这个步骤中，要对项目的执行结果、项目收益和项目中的经验教训进行总结和回顾。

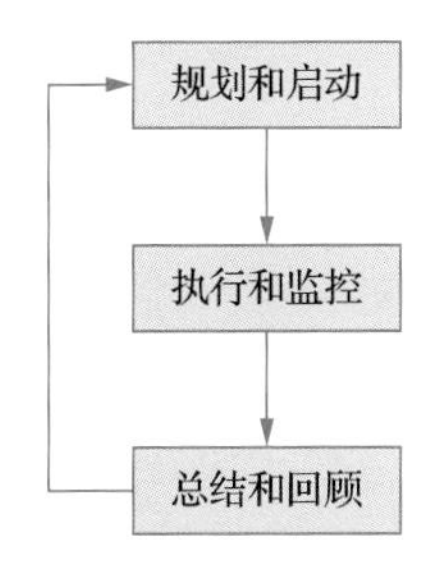

图 7.2　项目管理中三个步骤的先后顺序

下面分别对这三个步骤进行简要说明。

7.3.1　项目规划和启动

本节首先说明这个步骤中的常见问题，然后说明这个步骤中的几个关键实践：项目团队的组建、项目基础设施的建立、项目规划和项目启动会。

1. 常见问题

在项目启动和规划阶段，常见的问题包括：

（1）项目参与人的角色不明确。一些项目中没有明确项目相关人员的角色和责任，可能会导致多人间工作出现冲突/重复，或者导致责任的缺位；还有一些项目没有明确唯一的项目经理/项目负责人，没有明确谁对项目的结果负总责，这导致在项目出现问题的时候做决策的效率很低。

（2）没有明确给出项目目标和时间计划。一些项目对于项目的最终交付物没有准确的说明，这导致项目参与方之间认知不一致，增加了出现矛盾的风险，并导致对项目相关资源和时间评估的不准确；一些项目缺乏明确的时间表，参与人员根本无法对项目完成的准确时间做出估计，也无法做项目的风险控制。

（3）对项目资源缺乏准确估计。有些项目在启动时根本没有做资源评估，似乎资源是无限的；而有些项目的资源评估比较粗略，导致和实际执行结果偏差很大。

为了让大家理解项目规划的作用，这里引用《孙子兵法》中的一段话，具体如下。

> 夫未战而庙算胜者，得算多也；未战而庙算不胜者，得算少也。多算胜，少算不胜，而况于无算乎？

做项目和打仗很像，如果在项目启动阶段没有做好充分的规划，就很难取得胜利。为了解决以上这些问题，就需要注意在项目启动阶段完成项目团队的组建、项目基础设施的建立、项目规划、项目启动会等关键动作。下面对这些动作逐一进行简要说明。

2. 项目团队的组建

在做一个项目前，首先要组建项目团队。对于一个项目中的成员构成，可能的角色包括：

（1）Project Manager：项目经理或项目负责人。项目负责人要对项目的结果负总责。

（2）Product Manager：产品经理。产品经理负责用户需求分析和产品设计。

（3）RD（Research and Development）：研发工程师，一般泛指所有研发工程师，有时特指后端研发工程师。

（4）QA（Quality Assurance）：测试和质量保证工程师。

（5）UE（User Experience）：用户体验设计师。

（6）FE（Front-End Development）：前端研发工程师。

（7）OP（Operations）：运维工程师。

在组建项目团队时，需注意以下要点。

（1）要尽早将项目相关成员引入项目中。除了产品经理和开发人员，QA 和 OP 也要尽早参与到项目的规划和相关评审中。

（2）要尽早明确各项目成员的角色和职责。项目中各成员的角色要尽早确定。虽然有了以上角色列表，但是某些角色间的职责划分可能依然模糊不清，要尽早明确。对于一些小规模项目，项目成员较少，某些成员可以兼任多个角色，但是也需要明确所承担的职责。

（3）项目一定要有明确的项目负责人。项目负责人起着非常关键的作用。项目负责人要对项目的结果负总责。没有项目负责人的项目，就等于没有人负责。

3. 项目基础设施的建立

在建立项目团队的同时，也要将项目的“基础设施”建立起来。项目的基础设施可能包括：

（1）项目的 wiki 空间。

（2）项目的 IM 群（基于微信、钉钉、如流等平台）。

（3）项目 Email 列表。

（4）项目代码库空间。

（5）项目 Issue 管理空间。

（6）项目规范（代码、文档、沟通）。

这些基础设施在很大程度上影响着项目的沟通效率。

4. 项目规划

在项目规划阶段，要完成以下工作。

（1）确定项目目标和范围。项目相关各方要参与讨论，确保各方对项目目标理解一致。

（2）评估工作量和成本。具体如下。

a. 人力资源的评估。在评估时，工作量的度量单位是“人天”或“人月”。在评估中，要充分考虑所有相关环节的工作量，包括需求调研、产品设计、系统设计、代码编写、测试和上线等；要考虑到参与人员的能力和匹配度。

b. 物质资源的评估。包括服务器资源、带宽资源、第三方服务的引入等。

（3）明确项目约束，制订项目里程碑（Milestone）[1]计划。要明确项目约束（范围、时间、质量、成本），做出取舍，然后制订项目里程碑计划，并和相关方达成一致。明确里程碑计划对项目进度控制和风险控制非常重要。

（4）分配任务并制定进度表。梳理项目中的关键任务，搞清关键任务间的依赖关系，识别项目的关键路径。项目中的依赖关系会影响项目管理的复杂度，项目的关键路径决定项目的完成时间。

注1. 里程碑一般是指建立在道路旁边刻有数字的固定标志，通常每隔一段路便设立一个，以展示其位置及与特定目的地的距离。现代项目管理中引用里程碑概念，以阶段性明确的可交付物来衡量项目进度（来自百度百科）。

5. 项目启动会

在完成项目团队的组建、项目基础设施的建立和项目的规划后，应组织一个正式的项目启动会（常称为 Kickoff）。在项目启动会上，要完成如下工作。

（1）对齐项目的目标。

（2）明确项目成员的角色。

（3）对齐项目的总体计划。

在项目启动会后，就进入项目执行和监控阶段了。

7.3.2 项目执行和监控

在项目执行和监控阶段，可以借助项目周报和迭代管理等工具。由于篇幅所限，这里仅对项目周报进行说明，迭代管理的方法请读者参考其他相关资料。

1. 项目周报存在的问题

每个项目都应该有项目周报，但在实际工作中，经常存在如下几个问题。

（1）项目缺乏独立的项目周报。有些团队只有个人周报和团队周报，但是没有独立的项目周报，这导致团队中的每个人都难以跟进项目的进展。

（2）项目周报内容不够清晰。有些团队虽然有独立的项目周报，但是缺乏总体进展、最近进展和项目风险等内容。

2. 关于项目周报的建议

关于项目周报，这里提出以下建议。

（1）对所有的项目都要发出项目周报。项目周报围绕具体的项目，并和个人周报、团队周报有所区别。

（2）项目周报一般由项目负责人整理。项目负责人不一定是团队管理者，很多项目可以由软件工程师来担任项目负责人。除项目负责人之外，也可以委托其他项目成员整理项目周报。从提升能力的角度，整理项目周报是锻炼项目成员的项目管理能力的一个好方法。

（3）项目周报中应包含的关键信息包括如下三方面。

a．项目的总体计划及对应的进展情况。

b．上周计划、本周进展和下周计划。“本周进展”要和“上周计划”对应起来；计划和进展中的各项工作要写明负责人。

c．项目的风险和处置。在项目周报中要明确说明项目的风险，包括已经发生的工作延期、可以预期的项目风险等。在项目风险发生后，要及时做出调整，包括项目计划的调整、相关资源的调整等。

3. 项目周报例子

图 7.3 是项目周报的一个例子。项目周报中需注意的要点如下。

（1）做好任务拆分。对于一个项目要拆分为多个子任务。在项目周报中，要对各子任务分栏呈现。

（2）跟进长期计划。对于持续超过一周的项目，应该在项目周报中呈现项目的“总体计划”。总体计划应包括各项工作预定完成的时间，对于已经完成的任务可以标记实际的完成时间。

（3）进展和计划的对应。在项目周报中，“本周进展”和“上周计划”一定要严格对应起来。我曾经看到有些周报中的“本周进展”和“上周计划”几乎是无关联的，这样的计划完全失去了作用。其实，对应起来也非常容易，每次写周报时先把“上周计划”复制到“本周进展”一栏中，然后再填写进展情况。

（4）做好计划。一个理想的项目，应该是每周的工作都能够按照上周计划来进行。一个清晰合理的工作计划对于每周工作的开展是非常重要的。有些人在制订下周计划时投入的时间太少，导致执行时出现各种问题。在制订下周计划时要充分考虑各种影响因素，力保计划尽量符合实际情况。

（5）责任到人。一个项目往往是由多人共同参与的，在项目的计划和进展中，都要明确各项工作的责任人。项目中对工作责任的清晰划分，是确保项目正常进行的一个关键点。

（6）风险呈现。在项目周报中要充分呈现项目在执行过程中遇到的问题和风险。在一个软件研发项目中一定会出现风险，关键是要做好项目的风险控制。

（7）做好调整。项目出现问题后，项目计划可能会进行调整。这种调整要及时体现到项目周报中。有些项目明明按原定计划已经无法完成，可相关人员仍然不及时调整项目总体计划时间表，这会造成项目成员认知上的错误。

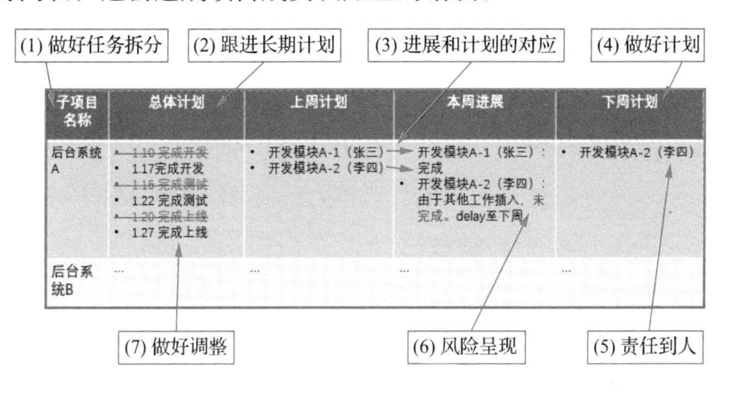

子项目名称	总体计划	上周计划	本周进展	下周计划
后台系统A	• ~~1.10 完成开发~~ • 1.17完成开发 • ~~1.15 完成测试~~ • 1.22 完成测试 • ~~1.20 完成上线~~ • 1.27 完成上线	• 开发模块A-1（张三） • 开发模块A-2（李四）	• 开发模块A-1（张三）：完成 • 开发模块A-2（李四）：由于其他工作插入，未完成。delay至下周	• 开发模块A-2（李四）
后台系统B	…	…	…	…

图 7.3　项目周报例子

7.3.3　项目总结与回顾

很多项目在相关系统上完成研发上线后就结束了，缺乏回顾和总结，也有些项目在总结中只涉及项目收益，而缺乏对项目执行问题的分析。

在《软件开发的 201 个原则》一书中，将“做项目总结”列为一个独立的原则。

> **原则 172 做项目总结**
>
> DO A PROJECT POSTMORTEM
>
> 忘记过去的人注定会重蹈覆辙。
>
> ——乔治·桑塔亚纳（George Santayana），1908
>
> 每个项目都会有问题。原则 125 涉及记录、分析技术错误并从中学习。本原则用于对管理错误或者整体的技术错误进行同样的操作。在每个项目结束时，给所有的项目关键参与者 3～4 天的时间来分析项目中出现的每一个问题。例如，“我们延迟了 10 天开始集成测试；我们应该告诉客户”。或者，“我们早在知道最基本的需求之前就开始了设计”。或者，“大老板在错误的时间发布了一个‘不加薪’的公告，影响了大家的积极性”。总的来说，主要思路是记录、分析所有不符合预期的事情并从中学习。同时，记录下你认为将来可以采取的预防问题发生的不同措施。未来的项目将会极大受益。
>
> ——摘自《软件开发的 201 个原则》

项目总结会是回顾项目的一种常用方式。项目总结会一般由项目经理发起，参与项目的全员参加。在项目总结会上，重点总结项目的整体目标完成情况、执行过程和结果，并总结项目中的经验教训。对于在项目中发现的问题，应明确后续的跟进计划。由于篇幅所限，有关项目总结会的更多深入细节请读者参阅其他相关资料。

本章说明了项目管理的重要性，介绍了项目管理的相关概念，并介绍了项目管理过程中的一些关键方法。

为了便于记忆，这里将项目管理总结为 40 字的方法。

（1）规划和启动：责任明确，周密策划，实事求是，质量第一。

（2）执行和监控：沟通协作，严密跟踪，控制风险，打出节奏。

（3）总结和回顾：做好总结，不断提高。

第 8 章

项 目 沟 通

每个项目中有超过 50%的时间是用于沟通的。提升项目中的沟通效率，对提升工作效率和项目质量具有非常关键的作用。

本章将从如下三方面说明如何做好项目沟通。

（1）项目中为什么需要沟通？

（2）项目中沟通的方式有哪些？

（3）在项目各种沟通方式中分别有哪些注意事项？

8.1　项目沟通的重要性

一个软件项目仅靠一个人是无法完成的。在参与软件项目的多人之间必然要进行沟通。即使是由一个人独立设计和完成开发的项目，也会涉及和用户或者客户的沟通。

对于一个稍微复杂一些的软件项目，很可能会涉及多方沟通。在 7.3.1 节中曾经提到，在一支软件项目团队内，可能的角色包括 RD（研发工程师）、PM（产品经理）、QA（测试和质量保证工程师）、OP（运维工程师）等。在一个对外的项目中，项目团队还可能包括 AM（Account Manager, 客户经理）和 SA（Solution Architect, 解决方案架构师）等角色。围绕产品的研发、销售和交付，这些角色之间会进行很多次沟通。在团队外部，首先涉及和同公司内的其他团队（内部合作方）的沟通，还会涉及和公司外的用户、客户及合作伙伴的沟通，如图 8.1 所示。

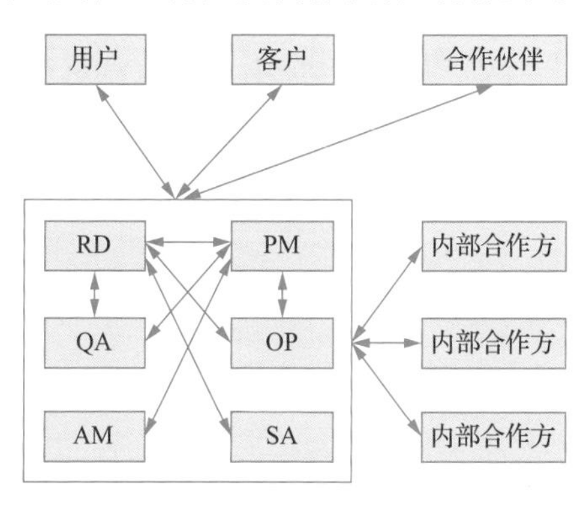

图 8.1　一个软件项目可能涉及的沟通方

在一个项目中，沟通的内容可能是项目的需求和目标，也可能是项目的方案和计划，还包括项目的执行细节。为了做好项目各角色之间的协调、配合和衔接，也需要大量的沟通工作。

《人月神话》一书中通过对巴别塔（Tower of Babel）故事的分析说明了沟通在项目中的重要性[1]。在这个故事中，参与建立巴别塔的人们具备了完成项目的所有条件：目标、人力、材料、时间和技术。但最终，由于沟通出现问题导致项目失败。

> 那么，既然他们具备了所有的这些条件，为什么项目还会失败呢？他们还缺乏些什么？两个方面——交流，以及交流的结果——组织。他们无法相互交谈，从而无法合作。当合作无法进行时，工作陷入了停顿。
>
> ——摘自《人月神话》

在认识到沟通的重要性后，就需要加强对项目沟通的重视。在一个软件项目中，沟通的目标是：使所有项目参与人都能掌握应该了解的信息。在项目中，要尽量做到项目信息的透明化，使项目信息能够被准确、高效地传递。

注1. 巴别塔是《圣经·旧约·创世记》第11章故事中人们建造的塔。根据篇章记载，当时人类联合起来兴建希望能通往天堂的高塔。为了阻止人类计划，上帝让人类说不同的语言，使人类相互之间不能沟通，计划因此失败，人类自此各散东西（来自百度百科）。

在一个项目中，做好沟通是不容易的。沟通的困难可能来自以下几方面。

（1）沟通参与方的出发点可能不同。

（2）沟通参与方之间缺乏相互了解。

（3）缺乏良好的沟通方式。

下面将重点从沟通方式的角度说明如何做好项目沟通。

8.2　项目沟通方式及对比

在一个项目中，常用的沟通方式包括：

（1）面对面沟通。

（2）电话沟通。电话沟通可能是纯语音形式，也可能是视频电话形式。

（3）IM（即时通信）工具沟通。这里主要指通过即时通信工具发送文字或图片信息。

（4）Email 沟通。

以上四种沟通方式，从参与人数的角度来看，既可以是一对一的沟通，也可以是多人之间的沟通。

除了这几种方式，代码、文档、wiki 等也是重要的沟通工具。基于代码的沟通，可以参考第 2 章 2.7 节中的说明；基于文档和 wiki 的沟通，可以参考第 5 章的介绍。

表 8.1 从五个方面对四种沟通方式的优劣进行了对比。

表 8.1　四种沟通方式优劣对比

	面对面沟通	电话沟通	IM 工具沟通	Email 沟通
组织成本	高	中	低	低
实 时 性	高	高	中	低
沟通效率	高	中	低	低
干 扰 性	高	高	中	低
存档能力	弱	弱	弱/中	强

（1）从沟通的组织成本角度：面对面沟通的组织成本较高，IM 工具沟通和 Email 沟通的组织成本都较低，电话沟通的组织成本居中。

（2）从沟通的实时性角度：面对面沟通和电话沟通的实时性都很高，用 IM 工具沟通的回复可能不及时，Email 沟通的实时性最低。

（3）从沟通效率的角度：面对面沟通的效率是最高的，电话沟通的效率居中，IM 工具沟通和 Email 沟通效率较低。

（4）从沟通对工作的干扰性角度：面对面沟通和电话沟通

是干扰性最高的，IM 工具沟通的干扰性居中，Email 沟通的干扰性最低。

（5）从沟通的存档能力角度：面对面沟通和电话沟通的存档能力都很弱，IM 工具沟通虽然有聊天记录但结构性并不强，Email 沟通的存档能力最强。

通过对四种沟通方式的优劣对比，可以将它们用于不同的场景，如表 8.2 所示。

表 8.2　多种沟通方式的适用场景对比和相关注意事项

	适用场景	注意事项
面对面沟通	复杂问题讨论； 信任关系建立	● 最好预约；配合白板 ● 需要配合沟通纪要
电话沟通	复杂问题讨论	● 最好预约；配合屏幕共享 ● 最好配合沟通纪要
IM 工具沟通	简单问题讨论	大群中控制消息发送
Email 沟通	问题需要长时间的深入讨论	适合结构化表达观点

下面将分别对各种沟通方式的注意事项做详细说明。

另外，除了以上四种沟通方式，会议沟通也是一种常用的沟通方式。会议沟通基于面对面沟通或电话沟通，它继承了这两种沟通方式的特性，所以在以上比较中没有单独列出。在 8.5 节会单独重点介绍会议沟通的注意事项。

8.3 面对面沟通

对于有一定复杂度的问题，应优先选择面对面沟通。在信息传递方面，面对面沟通具有电话沟通、IM 工具沟通或 Email 沟通都无法替代的优势。一方面是，在面对面沟通时可以通过语言直接交流（这个特点电话也具备），另一方面是，面对面沟通还可以通过眼神和肢体语言来辅助传递和确认信息（这是其他交流方式所不具备的）。

但面对面沟通也具有一些先天性劣势，具体包括如下几方面。

（1）语言传递的准确性较低。在通过口语交流时，可能会出现沟通者们所用概念不统一的问题，很多人会使用自己定义的概念，而这导致了其他人在理解上的困难；另外，在口语交流时，保持清晰的逻辑也比较困难。

（2）对图形信息的传递能力较弱。通过语言传递图形信息是非常困难的，依赖于听者将语言转换为图形信息的能力，这种转换的效率和准确性都比较低。

（3）传递上下文的能力较弱。随着沟通的进行和深入，讨论所涉及的线索只能靠沟通者的脑力来记忆。在缺乏外界工具的情况下，这种对上下文的记忆和引用是非常困难的。

（4）存档能力很弱。如果不单独做纪要存档，面对面沟通的内容很容易被遗忘。

（5）对参与沟通的人的干扰性是非常强烈的。在参与面对面沟通的过程中，参与人是被“绑定”的。

为了克服上面的劣势，在面对面讨论时需要注意以下几点。

（1）尽量使用准确的概念，尽量保证清晰的逻辑，以避免错误传递信息。

（2）可以使用一些辅助工具来传递图形信息或保持沟通的连贯性，例如，可以用白板等工具来展现所讨论的图形信息或讨论的上下文内容，这对提升讨论的效率和准确性有很大的帮助。

（3）讨论后做好纪要，参与人对纪要内容进行确认，并且可以长期存档。

（4）对于面对面沟通，尤其是多人沟通，要尽量提前预约。在只有两个人的情况下，这方面可以稍微灵活处理。

8.4　电话沟通

电话沟通是面对面沟通的一种“退化”形式，其沟通特点和面对面沟通有很多的相似之处。

相比于面对面沟通，纯语音的电话沟通缺少了眼神和肢体语言的沟通，也没有现场的白板工具可以使用，在沟通效果上会大打折扣。幸运的是，现在有很多基于网络的电话会议系统，可以通过视频通话、屏幕共享等方式来增加沟通时的信息共享，沟通人员可以尽可能地使用这些机制来帮助提升电话沟通的效率和准确性。

8.5 会议沟通

会议沟通是一种常见的沟通方式。会议形式可能是面对面沟通，也可能是基于电话（纯语音或网络电话系统）的沟通。对很多人来说，开会占用了不少工作时间，而会议在效率提升方面还有很大的优化空间。本节讨论如何能够更高效地进行会议沟通。

1. 会议邀请

在会议邀请上，组织者常常会花费较多的时间，特别是对于参加人数较多的会议，因为要询问和确认每个参会人员可能的参会时间，并避免时间冲突，这是一个非常复杂的工作。

在一个组织内，可以通过 outlook 提供的“调度助手”来协调开会时间。通过这个工具，可以很容易看到所有参会人员的时间表，并找出大家公共的空余时间。使用这种工具的前提是，大家都将自己的时间安排提交到类似 outlook 这样的工具里，以便他人查看，如图 8.2 所示。

图 8.2　基于 outlook 协调会议时间

2. 会议时间选择

对软件工程师来说，让大脑切换工作要消耗较多的精力，应尽量保证有整段的时间（2～4 小时）用于独立设计或编码工作。

在现实中，开会对这样的独立工作产生了较大干扰。有一些软件工程师白天忙于开会，只有晚上才有时间写文档或代码；也有一些会议被安排在上午或下午的中间时间段，软件工程师刚刚进入写代码的状态，就又要去开会，而在会议结束后，剩余的工作时间也只有 1 小时或更少。

针对以上问题，关于会议时间的选择有以下几个建议（这里假设：上午 9 点或 10 点上班，12 点～13 点或 14 点午休，19

点下班）。

（1）会议时间尽量选择“边缘”或“不重要的时间”，比如，11～12点、13～14点、14～15点、18～19点。

（2）尽量不在整段时间内插入会议，比如，10～11点、15～16点。

（3）尽量不在19点后安排会议。

3. 会议准备

很多会议低效的原因之一是会议的议题和目标不明确，这常常是因为组织者对会议讨论的内容准备不充分。

参加人数越多的会议，越需要好好准备。需要明确和准备的内容包括三方面。

（1）会议的议题。

（2）希望达成的目标。

（3）会议待讨论的内容。

4. 会议主持

在会议进行阶段，经常会出现的问题包括：没有主持人，没有明确的主题，讨论的内容过于发散，会议结束时没有相应结论。

出现以上问题，一方面可以通过良好的会议准备来解决，另一方面也需要会议现场有出色的主持人。

如同项目一定要有负责人，会议也一定要有主持人。会议主持人作用具体如下。

（1）控制讨论的主题。主持人要让会议所讨论的内容始终围绕会议的主题进行。

（2）控制讨论的时间。主持人要控制每个讨论主题的时间，保证预定的任务可以按时完成。

（3）引导会议做出结论。主持人要引导讨论，使讨论有相应的结果和结论。如果暂时没有结论，也要明确遗留的问题，以便后续进一步讨论。

5. 会议纪要

在会议纪要方面常见的问题包括：没有会议纪要，对于参会人员的发言没有清晰记录，会议结论和进一步工作不明确，会议纪要存档混乱并难以查找。

会议结束后一般都要留下纪要。没有会议纪要的会议，随着时间推移，会议的内容会被参会人员逐渐淡忘。即使时间不长，由于口语传递信息的不准确性，以及每个人对问题的思考角度和想法不同，对会议内容也可能出现不同的理解。

在会议纪要中，应该至少包含以下内容。

（1）会议的时间和参加人员。

（2）会议的讨论内容。

（3）会议的结论和后续工作。

会议纪要应选择合适的方式来分发和存档，可以使用 Email 将会议纪要发送给相关人员。同时，我还建议将会议纪要存档在项目对应的 wiki 空间下，便于后续查阅。

6. 远程会议组织

现在很多企业采取多地办公的方式，多地办公区之间经常会组织远程会议。企业内和企业外的人员之间也时常会举办远程会议。

远程会议的组织方式基本和现场会议类似。由于距离因素的影响，远程会议需要比现场会议有更强的组织性，才能保证会议效果。特别地，在远程会议中要注意以下两点。

（1）要对会议议程有很好的控制和提示，让远程参会人员能够跟上会议的进度。

（2）要尽量对讨论内容做共享展示，让远程参会人员能够易于获取会议的内容。

7. 避免被会议“绑架”

在利用会议来实现项目沟通的同时，软件工程师也需要对会议所占用的时间资源保持警惕。在很多软件工程师那里出现的“白天开会，晚上写代码”的现象，绝对是不正常的现象。

参加和自己无关的会议，是对时间和生命的巨大浪费。对于那些仅具有形式而无内容的会议，完全可以取消；对于和自己无关的会议内容，可以选择中途离开；对于时间不合适的会议，可以建议更改时间。

8.6　IM 工具沟通

目前，IM 工具已经在项目沟通中被大量地使用。和电话沟通相比，基于 IM 工具可以实现异步和多线索的沟通；和 Email 相比，基于 IM 工具沟通的时效性更好，同时又不会那么正式，减少了客套环节。

但 IM 工具也存在着一些明显的缺点。下面首先分析 IM 工具的缺点，然后给出使用 IM 工具的建议。

1. IM 工具的缺点

IM 工具的缺点具体如下。

（1）沟通的效率较低。和电话沟通相比，较复杂的问题用

IM 工具沟通需要更长的时间才能沟通清楚。

（2）沟通内容的结构化较弱、准确性较低。IM 工具中一般以发送短消息为主，其中包含的信息有限；而多条消息之间难以形成复杂、清晰的逻辑结构。

（3）沟通内容的存档能力较弱。IM 工具虽然有消息记录，但是消息记录一般有保存时间的限制，而且也不适合直接作为讨论纪要来存档。

（4）干扰性强。在 IM 工具中，新的消息会给接收人带来较大干扰，尤其是 IM 工具中的“群功能”有放大效应，在使用不当时容易给多人造成干扰。

（5）对进一步工作的管理能力较弱。在 IM 工具的讨论中，可能会对进一步工作形成一些结论，而这样的信息很容易会淹没在大量的交流记录中。

2. 对使用 IM 工具的建议

在使用 IM 工具时，我给出如下建议。

（1）对于复杂问题，应采用面对面沟通或电话沟通的方式。如果针对一个问题，在 IM 工具中的讨论超过 5 句话，建议立刻采取面对面沟通或电话沟通的方式。

（2）正式信息发送 Email。IM 工具中的消息只作为沟通过程中的信息记录，而不作为存档记录。用 IM 工具讨论完成后，应通过发送 Email 对记录信息做正式确认和存档。

（3）注意大消息群中的发言。对于只有少数人关心的事情，应直接找相关人员单独沟通，而不是在大消息群中发送消息。在沟通时也要注意消息群的定位，不发和这个消息群主题无关的信息。

8.7 Email 沟通

虽然受到 IM 工具的巨大冲击，但是 Email 沟通仍然是项目沟通中的重要沟通方式。Email 沟通主要使用在以下场景中：通知类型的消息发送、针对某个问题的深入讨论、会议纪要的发送，等等。

在使用 Email 时，最常见的问题是收件人无法及时阅读到重要的邮件。很多企业会通过 Email 发送各种各样的信息，有不少邮件是由程序自动发送的，比较典型的是由监控系统发送的报警邮件，如果设置不当，收件人可能会一天收到几千封邮件。因此，很多人的邮箱被大量“未读邮件”淹没，导致他们很容易遗漏重要的邮件。

在处理海量邮件方面，这里给出以下几点建议。

（1）要努力保证“主收件箱”的可读性。收件人应保证在主收件箱中可以随时并很容易地看到新的重要邮件。

（2）要利用好 Email 工具所提供的邮件过滤机制。很多“例行”发送的邮件，并不需要及时查看，可以将它们过滤到指定的文件夹里以供后续查看。邮件过滤的规则要做到持续维护，遇到不适合发送在“主收件箱”的邮件，要及时增加新的过滤规则。

（3）要建立“易于过滤和分拣”的邮件。有些邮件是被动接收的，可以配置复杂的过滤规则；有些邮件是自己的组织发送的，可以通过做一些约定来降低过滤的难度。例如，可以建立专门的邮件组，或者建立特殊的标题前缀（如“【项目周报】”“【个人周报】”）。

附录 A

延伸阅读图书推荐

本书从软件工程能力出发，从代码、文档和项目管理三方面对一名软件工程师所应具备的基本素养做了概要介绍。由于篇幅的限制，本书对很多内容只做了入门性介绍。这里给出一些参考图书，供有兴趣的读者进一步深入阅读和学习。

软件工程和编程思想类

（1）《软件开发的 201 个原则》，作者：Alan M. Davis。

（扫码了解更多详情）

这本书是 *201 Principles of Software Development* 的中文版，将软件开发中的重要思想以“原则”的形式进行了总结，简练而深刻。原书虽然出版于 1995 年，但书中绝大多数思想并没有过时。

（2）《代码大全 2》，作者：Steve McConnell。

这本书是 *Code Complete: A Practical Handbook of Software Construction* 的中文版，本书覆盖了软件开发中的大量细节问题。

（3）《代码整洁之道》，作者：Robert C. Martin。

这本书是 *Clean Code* 的中文版。本书更多地聚焦在编码的可读性方面，这方面的内容比《代码大全》更丰富。本书主要面向 Java 语言，但前半部分的内容对于其他语言来说，也是通用的。

（4）*Software Engineering at Google*，作者：Titus Winters，Tom Manshreck，Hyrum Wright。

这本书目前还没有中文版。本书是 Google 公司在软件工程实践方面的总结，适合各公司负责软件工程能力建设的部门参考。目前这本书的电子版本已经在互联网上免费发布。

项目管理类

（1）《快速开发》，作者：Steve McConnell。

这本书是 *Rapid Development: Taming Wild Software Schedules* 的中文版。本书对如何在软件项目管理中完成快速开发的理论和实践方法进行了说明，是软件项目管理方面很好的入门图书。

（2）《卓有成效的管理者》，作者：Peter F. Drucker。

这本书是 *The Effective Executive* 的中文版。本书的内容并不是针对软件研发过程中的项目管理，而是在说明知识工作者应该如何做好管理。我相信其中“每一位知识工作者其实都是管理者”的说法对每一名软件工程师都会有所启发。

项目文档编写和阅读类

（1）《金字塔原理》，作者：Barbara Minto。

这本书介绍了一种能清晰展现思路的高效方法，对于提升思考能力和沟通效率有很大的帮助。

(2)《如何阅读一本书》，作者：Mortimer J. Adler，Charles Van Doren。

这本书系统地说明了阅读的四种层次，其中第四层次“主题阅读”其实就是研究中常用的综述方法。

产品设计类

《人人都是产品经理 2.0》，作者：苏杰。

（扫码了解更多详情）

这本书介绍了一名产品经理应有的视角和方法论。对于一名软件工程师来说，阅读这本书可以学习如何做好需求分析，以及如何从产品的视角来思考自己所从事的研发工作。

致　谢

这里首先要感谢百度技术培训中心的同事们。本书的很多内容来自近几年在百度内的公益授课课程。百度技术培训中心的同事们以高度的热情做了大量的运营和组织工作。在做好教育这件事情上，大家的目标是一致的。非常有幸能够在百度遇到这么多志同道合的伙伴们！

其次，感谢这几年在百度内外参加过本书相关课程和讲座的同学们。由于这些课程的机缘，让我结识了很多百度内外的同学们，并得到很多积极正面的反馈。尤其让人欣慰的是，百度内部“代码的艺术”训练营的部分学员们自发组织起来，完成了《软件开发的 201 个原则》的翻译和出版工作。很高兴能够遇到这么多有志于提升软件研发水平的同学们。

还要感谢电子工业出版社滕老师等工作人员。如果没有滕老师的盛情约稿，可能现在这本书的内容还只是停留在 PPT 状态。非常有幸能够和博文视点合作，经常能够感受到编辑老师们的专业、认真和情怀。

最后，感谢我的母校清华大学。本书中的不少思考和方法来自我在清华大学读书和工作时所接受的教育和项目训练。为表示对母校的感谢，本书首次出版的稿酬将全部捐赠给清华大学计算机系。

章淼

本书在 GitHub 上建有相关主题讨论区，读者可通过 GitHub 官网进入 mileszhang2016/The-Art-of-Code 库，展开讨论和提交反馈。

期待你的加入！

延伸阅读图书

软件开发的201个原则

扫码了解本书更多详情

- 本书汇总了软件工程原则。原则是关于软件工程的基本原理、规则或假设，不管所选的技术、工具或语言是什么，这些原则都有效。
- 全书共9章，第1章为引言，后面8章将201个软件工程的原则划分为8个大的类别：一般原则、需求工程原则、设计原则、编码原则、测试原则、管理原则、产品保证原则和演变原则。
- 本书面向的读者包括软件工程师和管理者、软件工程专业的学生、软件工程领域的研究人员等。

万亿级流量转发：
BFE核心技术与实现

扫码了解本书更多详情

- BFE定位于“为企业级使用场景设计的七层负载均衡开源软件”。BFE于2012年由百度开始研发，每日转发请求超过万亿次；2019年对外开源，2020年6月成为国内首个被CNCF（云原生计算基金会）接受的网络方向开源项目。
- 本书围绕BFE开源项目，介绍网络前端接入和网络负载均衡的相关技术原理，说明BFE开源软件的设计思想和实现机制，讲解如何基于BFE开源软件搭建网络接入平台。

延伸阅读图书

剑指Offer（专项突破版）：
数据结构与算法名企面试题精讲

扫码了解本书更多详情

- 本书全面系统地总结了在准备程序员面试过程中必备的数据结构与算法，首先详细讨论整数、数组、链表、字符串、哈希表、栈、队列、二叉树、堆和前缀树等常用的数据结构，然后深入讨论二分查找、排序、回溯法、动态规划和图搜索等算法。
- 除了介绍相应的基础知识，每章还通过大量的高频面试题系统地总结了各种数据结构与算法的应用场景及解题技巧。
- 本书适合所有正在准备面试的程序员阅读。无论是计算机相关专业的应届毕业生还是初入职场的程序员，本书总结的数据结构和算法的基础知识及解题经验都不仅可以帮助他们提高准备面试的效率，还可以增加他们通过面试的成功率。

剑指Offer：
名企面试官精讲典型编程题（第2版）

扫码了解本书更多详情

- 本书剖析了80个典型的编程面试题，系统整理基础知识、代码质量、解题思路、优化效率和综合能力这5个面试要点。
- 全书共分7章，主要包括面试的流程、面试需要的基础知识、高质量的代码、解决面试题的思路、优化时间和空间效率、面试中的各项能力和两个面试案例。
- 第二版重磅升级。